DIE LOKOMOTIVEN DER DEUTSCHEN BUNDESBAHN

J. MICHAEL MEHLTRETTER

Die Lokomotiven der Deutschen Bundesbahn

MOTORBUCH VERLAG STUTTGART

Einband und Schutzumschlag: Siegfried Horn

ISBN 3-87943-268-6

3. Auflage 1975
Copyright © by Motorbuch Verlag, 7 Stuttgart 1, Postfach 1370
Eine Abteilung des Buch- und Verlagshauses Paul Pietsch GmbH & Co. KG
Sämtliche Rechte der Verbreitung – in jeglicher Form und Technik – sind vorbehalten
Satz und Druck: Studiodruck 7441 Raidwangen ⌄
Bindung: Großbuchbinderei Schübelin, 7311 Brucken/Teck
Printed in Germany

Inhalt

Vorwort   7
Vorwort zur Neuauflage   8

EINFÜHRUNG   9

(1.) Rückblick   9
(2.) Neuentwicklungen nach dem Krieg   10
(3.) Entwicklungen nach 1960   15
(4.) Ausblick   19

ÜBERSICHT ÜBER DIE EINTEILUNG DER LOKOMOTIVEN   20

(1.) Fahrzeugnummern   20
(2.) Radsatzanordnung   20

DIE DAMPFLOKOMOTIVEN   22

(1.) Einteilung und Kennzeichnung   22
(2.) Zusatzbezeichnungen   22
(3.) Tender   23
(4.) Hauptteile einer Dampflokomctive   23
(5.) Die Baureihen   26

DIE ELEKTRISCHEN LOKOMOTIVEN   49

(1.) Einteilung und Kennzeichnung   49
(2.) Hauptteile einer Elektrolokomotive   50
(3.) Die Baureihen   52

DIE DIESELLOKOMOTIVEN   90

(1.) Einteilung und Bezeichnung   90
(2.) Aufbau einer Brennkraftlokomotive   91
(3.) Die Baureihen   93

FARBTEIL   113

TABELLENTEIL   121

DAMPFLOKOMOTIVEN   121

(1.) Dampflokomotivbestand der DB (Regelspur)   121
(2.) Übersicht der Bahnbetriebswerke mit beheimateten Dampflokomotiven   121
(3.) Übersicht der gekuppelten Tender   122
(4.) Wichtige Kenndaten der Dampflokomotiven   123

ELEKTROLOKOMOTIVEN   129

(1.) Elektrolokomotivbestand der DB   129
(2.) Wichtige Kenndaten der Elektrolokomotiven   130

DIESELLOKOMOTIVEN   146

(1.) Diesellokomotivbestand der DB   146
(2.) Wichtige Kenndaten der Diesellokomotiven   147

Erläuterung der Abkürzungen   155
Literaturverzeichnis   157

Lokomotiv-Neuvorstellungen   158

Vorwort

Trotz der zügig voranschreitenden Umstellung auf Elektro- und Dieseltraktion hat die Bahn auch heute an Faszination kaum verloren. Moderne, schnelle Elektrolokomotiven und leistungsstarke Dieseltriebfahrzeuge haben, bis auf wenige Ausnahmen, den Platz der Dampflokomotiven eingenommen, die einst über Jahrzehnte hinweg das Bild der Bahn schlechthin geprägt hatten.

Unter den vielen guten Büchern, die über Lokomotiven, Fahrzeuge und Anlagen der deutschen Bahnen verfaßt wurden, befindet sich erstaunlicherweise kein Werk, das zusammenfassend über alle drei derzeitig im Dienst befindlichen Lokomotivgattungen der Deutschen Bundesbahn berichtet. Diese Lücke zu füllen, hat sich das vorliegende Werk zur Aufgabe gemacht. Hierbei wurde das Schwergewicht auf die bildliche Darstellung gelegt, während die technische Beschreibung aus Gründen der Übersicht bewußt auf das notwendige Maß beschränkt ist.

Das großzügige Entgegenkommen der DB ermöglichte dem Autor, in mehreren Deutschlandrundreisen sämtliche notwendigen Standorte zu besuchen. So konnten, bis auf drei Ausnahmen, alle aufgeführten Lokomotiven im Heimatbahnbetriebswerk oder ihren typischen Einsatzräumen vom Autor selbst fotografiert werden. Dies bildete die Basis für eine aktuelle, auch dem neuen Nummernplan der DB entsprechenden Darstellung der gezeigten Lokomotiven.

Bei der Einteilung in drei Traktionsarten gebot die historische Bedeutung der Dampflokomotive, dieser Gattung die erste Stelle einzuräumen. Die Reihenfolge der einzelnen Fahrzeuge wurde entsprechend dem seit 1. Januar 1968 gültigen neuen Nummernplan der DB ausgeführt, wobei die, von der ehemaligen Deutschen Reichsbahn stammende, jeweilige alte Bezeichnung noch in Klammern danebengesetzt zu finden ist.

Um einerseits die Darstellung der Fahrzeuge etwas aufzulockern, andererseits jedoch bestimmten Besonderheiten gerecht werden zu können, sind die Lokomotiven zumeist zweimal bildlich zu sehen. Neben der normalen Vorstellung der Fahrzeuge sollen die Streckenaufnahmen typische Einsatzräume zeigen und gerade bei elektrischen Triebfahrzeugen auf das oft unterschiedliche Aussehen beider Fahrzeugseiten (z. B. Anordnung von Fenstern und Lüftungsgittern) hinweisen.

Die technische Beschreibung der Lokomotiven wurde unter Hinweis auf Entwicklung, Einführung und gebaute Stückzahl auf ein notwendiges Minimum reduziert. Der zur Verfügung stehende Platz erlaubte nur manchmal, auf Einzelheiten näher einzugehen.

Zwei der gezeigten Diesellokomotiven gehören zwar nicht dem Besitz der DB an, ihr langjähriger Streckeneinsatz als Mietlok (BR 232 001) und ihre für die weitere Entwicklung der Lokomotivtechnik richtungsweisende Bedeutung (BR 202 002) rechtfertigen jedoch ihre Aufführung. Weiterhin werden bei Erscheinen dieses Buches manche der dargestellten Dampflokomotiven wegen zwischenzeitlich durchgeführter Z-Stellung oder gar Ausmusterung im Einsatzbestand der DB nicht mehr zu finden sein.

Die im Schlußteil des Buches zusammengefaßten wichtigen Kenndaten der gezeigten Lokomotiven sollen die im Text nur beschränkt genannten technischen Daten ergänzen und dem Leser einen ausreichenden Überblick vermitteln. Auf ihre sachliche Richtigkeit wurde großer Wert gelegt.

Sämtliche technische Daten und Zahlen, soweit sie nicht im Archiv des Verfassers enthalten waren, wurden von den verschiedenen Dienststellen der Deutschen Bundesbahn zur Verfügung gestellt. Besonders seien hier vom Bundesbahn-Zentralamt München die Dezernate Brennkraft- und Elektrolokomotiven erwähnt, mit deren freundlicher Hilfe die letzten Lücken im Einführungs- und Datenteil des Buches geschlossen werden konnten. – Weitere Unterstützung wurde dem Verfasser durch die Firmen BBC, Rheinstahl-Henschel, Klöckner-Humboldt-Deutz, Krauss-Maffei und Fried. Krupp zuteil, die mit fotografischen Aufnahmen, Datenblättern und Zeichnungen das vorhandene Material ergänzen halfen.

Die aufgeführten Bilder – insbesondere die Standaufnahmen der Lokomotiven – konnten in vorliegender Form nur erstellt werden, weil man in den jeweils besuchten Dienststellen stets mit Verständnis entgegengekommen war. Die tatkräftige Hilfe von Leitung und Personal übertraf bei weitem das erwartete Maß. Von den zahlreichen Bahnbetriebswerken seien vor allem Hof, München Hbf und München Ost hervorgehoben, die maßgeblich zum Gelingen dieses Buches beigetragen haben.

Trotz mehrmaliger Versuche verhinderten ungünstige Umstände, daß der Verfasser drei der beschriebenen Lokomotiven selbst fotografieren konnte. Die zum Zeitpunkt des Besuches nicht betriebsfähige BR 152 (Bild 88 und 89) wurde freundlicherweise von Herrn Paul Diehl, Bw Kaiserslautern, aufgenommen; die Aufnahme der lange Zeit im AW gewesenen BR 182 001 (Bild 100) entstammt der DB-Bildstelle in Minden; die Fotografie der BR 230 001 (Bild 136) stellte Krauss-Maffei zur Verfügung. Weitere Darstellungen (Nr. 40, 41 a, 111 u. 112) konnten Datenblättern der DB entnommen werden; die Explosionszeichnung der BR 219 (Bild 131 a) stammt von Klöckner-Humboldt-Deutz, die Zeichnung der BR 151 (Bild 87) von Fried. Krupp. Schließlich fanden sich die Herren Hofer, Werkdirektor AW Nürnberg, Kronawitter, ehemals Vorstand Maschinenamt 3 in München und Peter, Werkdirektor AW Freimann, freundlicherweise bereit, das vorliegende Werk durchzusehen.

Allen, die durch ihre Unterstützung und großzügige Hilfe zum Gelingen dieses Buches beigetragen haben, sei herzlichst gedankt. Dank gebührt auch dem Verlag für die sorgfältige Ausführung.

Vorwort zur Neuauflage

Die anhaltende Nachfrage und das deutliche Interesse veranlaßten den Verlag, das vorliegende Werk neu aufzulegen.

Dies konnte in fast unveränderter Form geschehen, da in dem verhältnismäßig kurzen Zeitraum weder grundsätzlich neue Fahrzeugtypen, noch – neben den bereits angekündigten – zusätzliche Lokomotiven beschafft wurden.

Der Verfasser nutzte jedoch diese Gelegenheit, da und dort einige Angaben zu berichtigen und diese dem neuesten Stand anzugleichen. Im Bildteil konnten einige Aufnahmen durch bessere ersetzt werden. Damit wurde die Hoffnung verbunden, nun auch den anspruchsvollsten Leser zufriedengestellt zu haben.

Noch kurz vor Druckbeginn eingetretene Neuigkeiten ließen sich aus zeitlichen Gründen nicht mehr in den entsprechenden Kapiteln unterbringen. Sie sollten jedoch dem Leser trotzdem nicht vorenthalten werden und wurden somit in einem Anhang zusammengefaßt.

Bedauerlich gerade für den Dampflokfreund sind die fortschreitenden Maßnahmen des Strukturwandels, die die Anzahl und Baureihen der Dampflokomotiven immer kleiner werden lassen. Auch wenn mittlerweile über die Hälfte der aufgeführten Dampflokbaureihen aus dem Unterhaltungsbestand der DB genommen wurden, bleibt der Teil „Dampflokomotiven" dieses Buches in unveränderter Form erhalten – als Denkmal und Erinnerung an eine einst weltverändernde Epoche der Technik!

Der Verfasser

Einführung

(1.) RÜCKBLICK

Der verlorengegangene Krieg hatte nicht nur in den sonstigen Bereichen des allgemeinen Lebens, sondern auch bei der Bahn ein totales Chaos hinterlassen. Deutschland war in zwei Teile getrennt worden, die Wirren der letzten Kriegsgeschehen hatten den Lokomotiv- und Wagenpark der Reichsbahn ohne Ordnung und Zusammenhang über das gesamte Reichsgebiet zerstreut. Von dem buchmäßig auf 35 000 Stück Dampflokomotiven lautenden Bestand der Deutschen Reichsbahn waren rund 17 700 Fahrzeuge im Raume der späteren Bundesrepublik verblieben. Rückzug und Räumung ehemals besetzter Gebiete hatten die Zahl der Lokomotiven auf diese Höhe anwachsen lassen.

Damit herrschte zwar noch kein Mangel an notwendigen Triebfahrzeugen, doch befanden sich nur rund 38 %, d. h. 6700 Lokomotiven, in betriebsfähigem Zustand. Der Rest der Fahrzeuge war entweder durch Kriegseinwirkung beschädigt worden, oder infolge mangelnder Ersatzteile und Überforderung ausgefallen.

Doch bald nach Kriegsende wurde – in Zeitpunkt und Art örtlich verschieden – ganz nach Gutdünken der Besatzungsmächte der Zugverkehr wieder aufgenommen, um wenigstens die Mindestverkehrsbedürfnisse der deutschen Bevölkerung und ihre Güterversorgung befriedigen zu können.

Die größten Anfangsschwierigkeiten bereitete jedoch neben den oftmals unterbrochenen Strecken und zerstörten Anlagen der akute Kohlenmangel, der bereits kurz vor Kriegsende dazu zwang, Züge teilweise mit Holzfeuerung zu fahren.

Nach der Entspannung der Kohlenlage und der, wenn auch zum Teil eingleisigen, Inbetriebnahme der Hauptstrecken, zeigte das Absinken des betriebsfähigen Lokomotivbestands die unzureichenden Unterhaltungsbedingungen in den Bahnbetriebs- und Ausbesserungswerken. Mangelnde Rohstoffzufuhr, zerstörte Anlagen, unterernährtes Personal und damit verbundene schlechte Arbeitsbedingungen erlaubten nur in seltenen Fällen die betriebsgerechte Wartung der Fahrzeuge. Eine weitere Erschwerung entstand aus der Vielfalt der Typen, deren Zusammenkommen meist aus den Lokomotivströmungen der letzten Kriegstage resultierte. Allein der Dampflokpark teilte sich auf rund 150 verschiedene Gattungen auf, Fahrzeuge der ehemaligen Länderbahnen und die des Typenprogramms von 1925 waren bunt zusammengewürfelt. Die einzige Möglichkeit, dieser Unordnung Herr zu werden, bestand in der Abgrenzung des echten Bedarfs aus dem für das Gebiet der späteren Bundesrepublik viel zu großen Gesamtbestand. Die Aufgliederung in Einsatz-, Reserve- und Splittergattungen schuf die notwendige Übersicht und war gleichzeitig die Voraussetzung, den verschiedenen Einsatzstellen je nach Verwendungszweck die rationellsten Lokomotiven geben zu können. Hierbei war es wichtig, den Bahnbetriebswerken nur jeweils einige Gattungen zuzuordnen, um eine möglichst wirtschaftliche Fahrzeugunterhaltung zu gewährleisten.

Obwohl wegen des Lokomotivbauverbots der Alliierten keine neue Maschinen beschafft werden konnten, erreichte man trotz schwierigster Umstände und ständiger Mangelerscheinungen mit den wieder instandgesetzten Lokomotiven bereits 1948 die Laufleistungen der Vorkriegszeit. Die Währungsreform brachte weitere Besserung für Fahrzeuge und Personal, zumal sich die Ernährungslage und die

Rohstoffbeschaffung durch die spürbare Belebung der Wirtschaft etwas entspannt hatten. Lokomotivlaufleistung und Zugförderung mußten nicht mehr den vorhandenen Möglichkeiten angepaßt werden, sondern konnten jetzt wieder den wirtschaftlichen Erfordernissen entsprechen.

Auch bei den Elektrolokomotiven hatten die Kriegseinwirkungen nachhaltige Ausfälle bewirkt. Von den rund 500 elektrischen Triebfahrzeugen, die im Raum der späteren Bundesrepublik verblieben waren, wiesen ca. 20 % so starke Schäden auf, daß eine Reperatur nicht mehr in Frage kam. Nicht minder schwer waren auch Fahrleitungen und Unterwerke betroffen. Von den einst 2776 km elektrifizierter Strecken der ehemaligen Reichsbahn waren im Westen nur 1594 km übriggeblieben. Mastbrüche, Seilrisse, Isolatorschäden und zunehmende Schadanfälligkeit von Bauteilen aus Kriegsersatzstoffen erforderten jedoch zuerst einmal eine gründliche Instandsetzung. Trotz der angespannten Rohstoff- und Versorgungslage konnten auch diese Arbeiten den Umständen entsprechend gut vorangetrieben werden, so daß bereits drei Monate nach Kriegsende wieder elektrisch betriebene Züge in bescheidenem Rahmen verkehren konnten. – Im Gegensatz zu den westlichen Besatzungsmächten ließen die Russen im östlichen Teil Deutschlands solche Bestrebungen nicht zu und ordneten die Demontage sämtlicher elektrifizierter Strecken an. Fahrleitungen, Triebfahrzeuge und Anlagen mußten als Reparationsleistungen an die Sowjetunion geliefert werden. Erst zehn Jahre nach Kriegsende konnte in Mitteldeutschland der elektrische Betrieb wieder aufgenommen werden, nachdem ein Teil der Triebfahrzeuge und Anlagen zurückgegeben worden war.

Da auf dem Gebiet der Dieseltraktion vor dem Krieg hauptsächlich an der Entwicklung von Schnelltriebwagen sowie Dieseltriebwagen kleiner und mittlerer Leistung für Nebenbahnen und Hauptbahn-Bezirksverkehr gearbeitet worden war, verblieb der späteren Deutschen Bundesbahn nur eine unbedeutend kleine Anzahl von Diesellokomotiven. Sieht man von den Kleinlokomotiven für Rangierzwecke ab, die schon weit vor Kriegsbeginn in beachtlicher Stückzahl vorhanden waren, konnten nur eine Versuchslokomotive (V 140 001) aus dem Jahre 1935 und verschiedene Triebfahrzeuge aus den Beständen der ehemaligen Deutschen Wehrmacht übernommen werden. In der Hauptsache bestanden diese aus rund 100 Maschinen der Baureihe V 36 sowie 33 der Baureihe V 20. Hierzu kamen noch drei schwere Doppellokomotiven V 188 mit elektrischer Kraftübertragung der ehemaligen Wehrmacht-Schwerstartillerie (80 cm-Eisenbahngeschütze Dora) von welchen zwei wieder instandgesetzt und dem Güterzugdienst zugeführt werden konnten. In größerem Rahmen wurde jedoch der Dieselbetrieb mit den Lokomotiven der Baureihe V 36 aufgenommen, nachdem man die, verschiedenen Bauserien entstammenden, Fahrzeuge überholt und einander angeglichen hatte. Obwohl diese Lokomotiven über keine Zugheizeinrichtung verfügten, wurden sie im leichten Reisezugdienst eingesetzt und fanden sogar im Wendezugbetrieb des Frankfurter- und versuchsweise auch des Münchener Vorortverkehrs größere Verwendung. Aufgrund der universellen Einsatzmöglichkeit dieser Baureihe vor leichten Güter- und Reisezügen war dieser Fahrzeugtyp so gefragt, daß nach dem Krieg nochmals 18 derartige Diesellokomotiven nachbeschafft wurden. Erst nachdem die neuen Schienenbusse VT 95 in größerer Zahl zur Verfügung standen, konnten die Lokomotiven BR V 36 langsam wieder aus der Reisezugförderung gezogen und dem Rangierdienst – ihrer ursprünglichen Aufgabe – zugeführt werden.

(2.) NEUENTWICKLUNGEN NACH DEM KRIEG

Erst nach der Aufhebung des Lokomotivbauverbots durch die Besatzungsmächte im Jahre 1950 konnte die deutsche Industrie wieder mit der Konstruktion und Fertigung neuer Lokomotiven beginnen. Der Gedanke, die bewährten Fahrzeuge der Vorkriegszeit (Typenprogramm 1925) weiterzubauen, wurde fallengelassen, da die technische Entwicklung auf dem Gebiet der Dampflokomotive stark fortgeschritten war.

Die darauffolgenden Entwicklungsarbeiten, die das BZA Minden zusammen mit den deutschen Lokomotivherstellern durchführte, sahen insgesamt sieben neue Dampflokomotivtypen vor, von denen später jedoch nur fünf gebaut wurden. Eine der wichtigsten Forderungen bei der Konzeption dieser Fahrzeuge bestand darin, die Leistungsfähigkeit der Lokomotiven zu steigern und gleichzeitig die Kosten für Betrieb und Unterhaltung zu verringern. Neuzeitliche Fertigungsmethoden, wie weitgehende Schweißung von Kessel und Rahmen sowie Verwendung von Wälzlagern in Achsen und Stangen brachten bessere Voraussetzungen für eine wirtschaftliche Unterhaltung. Die Vergrößerung der Strahlungsheizfläche der Feuerbüchse (Verbrennungskammer), neue Mischvorwärmer und Vollisolierung des Kessels sorgten für eine erhebliche Verbesserung der Wärmewirtschaft und vergrößerten die Leistungsfähigkeit der Lokomotiven bei gleichbleibendem Gewicht in beachtlichem Rahmen. Diese Lokomotiven fielen auch durch einen neuen Baustil auf und bekamen u. a. durch die Kaminkrone und Vereinfachung der Kesselaufbauten ein schmuckes Aussehen, das durch die metallblanken Spannbänder um den Kessel noch unterstrichen wurde.

Von der Typenreihe „Einheitslokomotive 1950" wurden gebaut:

2 Lok Baureihe 10 für den schweren Schnellzugdienst als Ergänzung und Ersatz für BR 01^0, 01^{10}, 03^{10}

105 Lok Baureihe 23 für den schweren Personenzug- und leichten Eilzugdienst als Ersatz für BR 38^{10-40}, 03^0

18 Lok Baureihe 65 für den schweren Personenzug- und Güterzugdienst auf Haupt- und Nebenbahnen als Ersatz für BR 78, 86, 93

2 Lok Baureihe 66 für den leichten Personenzugdienst als Ersatz für BR 64

41 Lok Baureihe 82 für den schweren Rangier- und Übergabedienst als Ersatz für BR 94

Zur Beurteilung der Neubaulokomotiven ist zu sagen, daß die BR 10 einen sehr dampffreudigen Kessel besaß, aber empfindlich und störungsanfällig am Einfachheißdampfregler und im Innentriebwerk war.

Offenbar hatte sie auch eine Reihe unerprobter, z. T. unnötiger Sondereinrichtungen, die ebenfalls zu Reperatur-Stehzeiten führten. Ihre Umrüstung auf Ölfeuerung bzw. deren Verbesserung machten sie dann zu einer sehr leistungsfähigen Maschine. Zur Bedienung und Pflege beanspruchten die beiden 10er Lok allerdings ausgesuchtes Sonderpersonal. Die BR 10 war anfangs als 1'C1' mit Zwillingstriebwerk geplant gewesen.

Die Baureihe 23 hat sich im Großen und Ganzen bewährt, abgesehen von Stangenbrüchen, unruhigem Lauf im kritischen Drehzahlbereich um ca. 100 km/h und einer empfindlichen Feuer- und Dampf-Wasserhaltung. Manchen Personalen war aber die alte P8 (BR 38) lieber. In der Gesamtbeurteilung scheint ihr die nachgefolgte BR 23^{10} der ostdeutschen DR überlegen zu sein.

Ähnliches gilt sinngemäß für die BR 65 der DB bzw. BR 65^{10} der DR (DDR).

Thermisch und fahrdynamisch sehr gut gelungen ist die BR 66, sie kam leider zu spät. –

Von der BR 82 sind keine gravierenden Nachteile bekannt geworden, sie war auch keinen besonderen Belastungen ausgesetzt. Jedoch war ihr die weit ältere T 16^1 (BR 94) oft noch eine starke Konkurrentin.

Durch alle Neubaulok zieht sich wie ein roter Faden die Störanfälligkeit des Einfachheißdampfreglers; er mußte öfter durch den Naßdampfregler ersetzt werden, offenbar auch im Zusammenhang mit der inneren Kesselwasseraufbereitung.

Zusammenfassend wurden die Neubaulok von den Dienststellen in Einzelheiten unterschiedlich beurteilt. Möglicherweise liegen hier auch emotionelle Umstände bzw. statistische Fehldeutungen vor. – Was der DB damals (und auch vorher schon zur DR-Zeit) fehlte, war ein leistungsfähiger, einfacher Reisezug-Vierkuppler für maximal 120 km/h. Etwa nach dem Prinzip der sehr bewährten polnischen Pt 31/47 bzw. der amerik.-französischen 141 R und natürlich auf der Basis der neuesten Konstruktionsfortschritte (auch international!), wie Feuerbüchse mit großem Strahlungsanteil, Kesseldrücke zwischen 18–20 atü, hohe Überhitzung, drosselfreier und strömungsglatter Dampfdurchsatz vom Überhitzer über Steuerung, Dampfmaschine zur gut durchgebildeten Saugzuganlage, Ölfeuerung, fortschrittliche Technologie und gute Konstruktions- und Werkmannsarbeit, wäre bestimmt eine hochwertige Lokomotive zu schaffen gewesen.

A. Chapelon von der SNCF (Französische Staatsbahn) bewies überzeugend, daß auch eine komplizierte Mehrzylinder-Verbundlokomotive im hohen Zugkraft- und Geschwindigkeitsbereich noch sehr leistungsfähig und erfolgreich sein kann. Er unterstrich hierbei auch klar ihre Vorteile bezüglich der Schonung des Oberbaues durch besseren Massenausgleich und ruhigerem Lauf.

Allein für die Nachkriegssituation der DB waren die Forderungen der Gesamtwirtschaftlichkeit (auch in ihren vielgestaltigen Einzelbeziehungen) und der Einfachheit vorrangig. Sie verwiesen dringend und eindeutig auf die einfachere, einstufige Dampfdehnung, die, wie u. a. der amerikanische und englische Lokomotivbau praktizierten, ebenso hochwertige Betriebsleistungen und zufriedenstellende Wirtschaftlichkeit ermöglichten.

Abgesehen davon, war es in der 2. Nachkriegszeit gar nicht so sicher, ob sowohl seitens der Bahnverwaltung, als auch der Lokomotivindustrie hinsichtlich Projektierung und Unterhaltung, bzw. Konstruktion und Fertigung das hierzu notwendige persönliche und fachliche Leistungsniveau noch oder schon wieder zur Verfügung stand! – Der hohe Anforderungen stellende Bau von neuzeitlichen Verbundlokomotiven sollte doch sofort Früchte tragen ohne langwieriges Experimentieren, mit einem Risikominimum und Vermeidung von Zeit und Geld kostenden Mißerfolgen! –

Was vielleicht von erfahrenen Verbundlok-Spezialisten 1945 noch vorhanden war, war entweder nicht mehr aktiv tätig, aus parteipolitischen Gründen oft zweckentfremdet oder hatte sich in den letzten Vorkriegs-, Kriegs- und Nachkriegsjahren anderswohin verlaufen. Zwar gab es vereinzelt noch befähigte, hoffnungsvolle Nachwuchskräfte, aber ohne eingearbeitetes Teamwork standen auch sie auf verlorenem Posten oder suchten und fanden bereits andere Berufschancen.

Durch die Kriegs- und Nachkriegsfolgen standen auf dem bahnseitigen Zugförderungs- und Werkstättendienst die gut ausgebildeten, erfahrenen und willigen Fachkräfte nicht mehr ausreichend genug zur Verfügung, wie sie die komplizierten Verbundlok erforderten. Dieser Umstand verlangte einfache, robuste und möglichst narrensichere Triebfahrzeuge. Das sind an sich verständliche Forderungen, wie sie auf die neueren Traktionsmittel zutreffen, jedoch selbst dort nicht immer wünschenswert realisiert werden. –

Es bahnte sich eben eine neue Zeit an, mit allen möglichen Wandlungen auch der soziologischen Verhältnisse und mit dauernd steigenden sozialen Forderungen und deren Folgeerscheinungen. –

Kurzum, somit bestätigte sich auch für die DB der Nachkriegsjahre, was für die vormalige DR schon seit Auslauf der 30er Jahre feststand: Gesamtwirtschaftlich und ganz objektiv gesehen, war die große Zeit der Verbundmaschinen abgelaufen, auch ohne Reminiszenzen an Garbe, Wagner und Witte. – Denn es tauchten schon neue Probleme für die Eisenbahntechnik, insbesondere für das Traktionswesen, auf.

Nun, falls für die DB der Strukturwandel in der Zugförderungstechnik (Elektrifizierung, Verdieselung) sich noch um einige Jahre verzögert hätte, wäre auch noch eine leistungsfähige Güterzuglokomotive notwendig geworden. Ihr Entwurf hätte sich auf die neuesten Betriebsanforderungen ausrichten und ihre Konstruktion den modernen Baugrundsätzen entsprechen müssen, wie zuvor schon dargelegt wurde. Eine nach dem Vorbild der bewährten Polnischen Ty 23/37 (die auf deutschen Konstruktionen fußte!) bzw. der Tschechischen 556^0, extrapolierte BR 50, wäre sicher ein gelungener Wurf geworden und hätte das Drillingstriebwerk entbehrlich werden lassen. Aber zu Beginn der 50er Jahre standen der DB noch sehr viele Lok der Baureihen 42, 44, 50 und 52 zur Verfügung, sodaß ein Neubau damals nicht dringlich erschien und finanziell auch nicht zu verantworten gewesen wäre.

Im Dezember 1959 stellte die Deutsche Bundesbahn mit der Personenzuglokomotive 23 105 die letzte Dampflokomotive überhaupt in Dienst. Der rasche

Vormarsch der Diesel- und Elektrotraktion hatte weiteren Plänen ein Ende gemacht.

Neben diesen Neubauten bemühte man sich aus den betrieblichen Notwendigkeiten heraus, auch Vorkriegslokomotiven einem Modernisierungsprogramm zu unterziehen. Viele der Einheitslokomotiven 1925 erhielten neue, vollständig geschweißte Kessel und zum Teil Wälzlager. Ölhauptfeuerung und aufbereitetes Speisewasser trugen zu einer weiteren Leistungssteigerung bei. Als Beispiel sei hier die Baureihe 01^{10} Öl (später 012) genannt, welche nach dem Umbau die beachtliche Leistung von 2470 PSi erbringen konnte; mit einer zulässigen Höchstgeschwindigkeit von 140 km/h eignete sie sich besonders für die Beförderung schwerer Schnellzüge und übertraf oft noch die Laufleistungen der dieselhydraulischen Lok V 200 (später 220).

Erwähnenswert sind auch die 31 umgebauten Lokomotiven BR 50 (später 050), die mit Franco-Crosti-Kessel ausgerüstet worden waren. Zur besseren Wärmeausnutzung wurden hierbei die Rauchgase nicht über den normalen Schornstein abgeleitet, sondern durch einen unter dem Hauptkessel angeordneten Vorwärmekessel geführt, den sie anschließend über einen seitlichen Schornstein verließen. Zwar konnten mit diesen Maschinen nennenswerte Einsparungen an Brennstoff nachgewiesen werden, doch führte die Bildung von Schwefelsäure immer wieder zu bedenklichen Korrosionen an den Vorwärmerrohren und Kaminwinkeln.

Abschließend sei noch bemerkt, daß Anfang der fünfziger Jahre weitere, kleinere Umbauten an fast allen Dampflokomotiven durchgeführt wurden, die jedoch das Äußere dieser Maschinen merklich änderten. Sie bestanden hauptsächlich in der Verlegung der Luft- und Speisewasserpumpen von den Rauchkammernischen auf Fahrzeugmitte, um dem Personal eine bessere Streckensicht zu ermöglichen, sowie dem Austausch der großen Windleitbleche gegen solche der einfacheren Form, wie man sie bei der Kriegslok BR 52 verwendet hatte. Sie waren wesentlich kleiner, aber nicht weniger wirksam und verliehen den Lokomotiven ein elegantes Aussehen.

Die Entwicklung der Dampflokomotive hatte in Deutschland mit der Baureihe 10 nach über anderthalb Jahrhunderten ihren letzten Stand erreicht und damit auch ihren Abschluß gefunden.

Im Ausland hatte die Technik des elektrischen Triebfahrzeugbaues während der Kriegs- und Nachkriegsjahre wesentliche Fortschritte gemacht. Besonders in der neutralen, vom Krieg verschont gebliebenen Schweiz wurde die Entwicklung laufachsloser Lokomotiven hoher Leistung recht intensiv betrieben. Bereits im Jahre 1944 erfolgte die Indienststellung der ersten Schnellzuglokomotive vom Typ Ae 4/4, die mit nur 80 Mp Dienstgewicht rund 3230 kW Leistung erbringen konnte und auch im steigungsreichen Alpengebiet schwerste Züge zu befördern vermochte.

Die in der Schweiz gewonnenen guten Erfahrungen mit laufachslosen Drehgestellokomotiven bewirkten, daß man die in Westdeutschland gefaßten Pläne, die bereits vor dem Krieg entwickelte, gut gelungene und bewährte Mehrzwecklokomotive E 44 in verbesserter Form weiterzubauen, aufgab und ein völlig neues Typenprogramm erstellte. Zwar wurden nach Kriegsende bis zum Jahre 1956 noch 11 Lokomotiven der Baureihe E 44, zwei E 18 sowie 52 E 94 an die Bundesbahn geliefert, doch war entweder deren Bau noch zu Kriegszeiten begonnen worden oder hatte der dringende Bedarf der DB nach weiteren elektrischen Triebfahrzeugen einen Nachbau bewirkt.

Die Entwicklung neuer elektrischer Maschinen begann mit einer laufachslosen Bo'Bo'-Mehrzwecklokomotive für den gemischten Dienst. Das hierfür erstellte Betriebsprogramm sah die Beförderung von 700 t-Schnellzügen vor, die auch auf Strecken mit 20 ‰ Steigung noch mit 90 km/h gefahren werden konnten. Weiterhin sollten Güterzüge mit 900 t Masse bei gleicher Steigung noch mit 70 km/h gezogen werden.

Zur Erprobung verschiedener Antriebsarten und mehrerer elektrischer Ausrüstungen ließ die DB bei verschiedenen Herstellern insgesamt fünf Versuchslokomotiven bauen, die später als Grundlage für ein zukünftiges Typenprogramm dienten. In den mit $E 10^0$ (später 110^0) benannten Versuchsfahrzeugen kamen Alsthom-Gelenkantrieb (E 10 001), BBC-Kardan-

Scheibenantrieb (E 10 002), Gummiringfederantrieb (E 10 003) und Séchéron-Kardan-Lamellenantrieb (E 10 004) zum Einbau. Neben mehreren Fahrmotoren wurden auch Hoch- und Niederspannungssteuerungen erprobt.

Schon vor Abschluß der umfangreichen Versuchsfahrten mit diesen Mehrzwecklokomotiven stellte es sich heraus, daß es zweckmäßiger war, für die jeweiligen Einsatzarten abgestimmte Lokomotiven zu bauen. Das Resultat solcher Überlegungen führte dann zum neuen Typenprogramm der DB, das vier Baureihen umfaßte:

Baureihe E 10, 150 km/h, für den schweren Schnell- und Eilzugdienst
Baureihe E 40, 110 km/h, für den schweren Güterzugdienst im Flachland
Baureihe E 41, 120 km/h, für den Personenzug- und leichten Eilzugdienst auf Haupt- und Nebenbahnen
Baureihe E 50, 100 km/h, für den schweren Güterzugdienst auf steigungsreichen Strecken

Die zulässige Höchstgeschwindigkeit von 110 bzw. 100 km/h der für den Güterzugdienst bestimmten Baureihen 40 und 50 erlaubte auch die Beförderung von Reisezügen und war damit die Voraussetzung für einen möglichst wirtschaftlichen und universellen Einsatz. Kennzeichnend für alle Neubaulokomotiven waren die völlige Schweißung von Rahmen, Kastenaufbau und den Drehgestellen, die Hochspannungssteuerung und der SSW-Gummiringfederantrieb. Nur die ersten 25 Lokomotiven der Baureihe E 50 (später 150) erhielten noch einen Tatzlagerantrieb. Erwähnenswert wäre auch der von BBC entwickelte Druckluft-Schnellschalter, der bei jeder Neubaulokomotive zum Einbau kam. Die Baureihen E 10 und E 50 wurden außerdem serienmäßig mit einer elektrischen Widerstandsbremse ausgerüstet. Die E 10 und E 40 erhielten Fahrmotoren von SSW, die E 41 bekam diese von BBC, während der E 50 solche von AEG eingebaut wurden. Bis auf eine Versuchsstrecke im Südschwarzwald mit 50 Hz, 20 kV, der Höllentalbahn, die später wieder umgestellt wurde, hatte man sich bei der DB für ein einheitliches Stromsystem mit 16⅔ Hz/15 kV Wechselstrom entschieden.

Die Umstellung von Dampf- auf Dieseltraktion erfolgte in den Nachkriegsjahren besonders deutlich in den USA, wo gerade die großen privaten Bahngesellschaften bei dieser Entscheidung von rein wirtschaftlichen Beweggründen geleitet worden waren. Außerdem brauchte die seit dem 2. Weltkrieg auf Hochtouren laufende Motorenindustrie dringend Weiterbeschäftigung, als willkommene Ausweiche bot sich da der „Strukturwandel auf der Schiene“ an. Dieselöl konnte dort billiger erworben werden als Kohle, Dieselmotoren erreichten einen weit höheren Ausnutzungsgrad des Brennstoffs als die Dampfmaschinen. Der große Einfluß der amerikanischen Elektroindustrie, die vor allem durch den vergangenen Krieg noch an Bedeutung gewonen hatte, war neben den technischen Vorteilen einer der Hauptgründe, daß in Amerika nur die elektrische Kraftübertragung bei Diesellokomotiven zur Anwendung kam. – Auch in Deutschland erkannte man, daß Leistungsfähigkeit und Wirtschaftlichkeit der Dampflokomotiven begrenzt waren und sie in Zukunft durch Diesellokomotiven ersetzt werden mußten. Da, ganz im Gegensatz zum Dieseltriebwagenbau, beim Diesellokomotivbau die Entwicklung vor dem Krieg nicht über Versuchsausführungen (V 140 001) hinausgekommen war, mußte auf diesem Gebiet noch einmal neu begonnen werden. Hierbei entschied man sich trotz der guten Erfahrungen, die man auch mit elektrischer Kraftübertragung gewonnen hatte (Fliegender Hamburger, V 188), von Anfang an für die wesentlich leichteren und damit billigeren Flüssigkeitsgetriebe. Wahrscheinlich spielte bei dieser Entscheidung auch die Berücksichtigung der deutschen Maschinen- und Getriebebauindustrie mit eine Rolle.

Die Entwicklung einer neuen, leistungsstarken Diesellokomotive basierte auf der Maschinenanlage des Schnelltriebwagens VT 08 (später VT 608), von dem Motor, Getriebe und Steuerungsanlagen fast unverändert übernommen werden konnten. Neu war jedoch die erstmalige Verwendung von Gelenkwellen, die eine Ausführung dieser Lokomotive in Drehgestellanordnung erlaubte. Damit waren für gute Laufeigenschaften von vornherein beste Voraussetzungen geschaffen. Die mit der Baureihe V 80 (später 280) bezeichneten Lokomotiven waren hauptsächlich für den leichten Reisezugdienst bestimmt. Für den schweren Schnellzugdienst hatte man eine Großdiesellokomotive mit 2000 PS Motorleistung geplant, deren Bau durch die Zusammenfassung zweier Maschinenanlagen der V 80 in kurzer Zeit realisiert werden konnte. Die fünf Vorauslokomotiven der Baureihe V 200 (später 220), die bereits im Jahre 1954 die Erprobung im planmäßigen Betriebseinsatz begannen, hatten noch Motoren mit 2 x 1000 PS. Als sie sich damit zu leistungsschwach erwiesen, steigerte man die Leistung in der Serienausführung auf 2200 PS.

Insgesamt wurden von den vier Baureihen der ersten Nachkriegsentwicklungen gebaut:

621 Lok Baureihe V 60 für den mittleren Rangierdienst als Ersatz für BR 89, 91, 92
15 Lok Baureihe V 65 für den leichten Streckendienst auf Nebenbahnen als Ersatz für die zahlreichen Dampflok der Nebenbahnen
10 Lok Baureihe V 80 für den leichten Streckendienst auf Haupt- und Nebenbahnen als Ersatz für BR 64
86 Lok Baureihe V 200 für den schweren Streckendienst auf Hauptbahnen als Ersatz für BR 01[0], 01[10], 39, 41, 44

Wie man an Stückzahlen der aufgezeigten Baureihen bereits erkennen kann, haben nur die Typen V 60 und V 200 Bedeutung erlangt und wurden von der DB in größerem Rahmen beschafft.

Die Baureihen V 65 und V 80 kamen über eine Vorserie nicht hinaus. Bei der sonst gut gelungenen 65er bewies sich die auch im Ausland gemachte Erfahrung, daß der Stangenantrieb für Diesellokomotiven als überholt anzusehen war und besser durch Einzelachsantrieb bzw. zentral mit Kardanwellen ersetzt wurde.

Mit der V 80 konnten zwar wertvolle Erkenntnisse für den Bau späterer V-Lok gewonnen werden, sie kam aber wegen ihres zu geringen Leistungsniveaus und ihrer komplizierten Getriebeanlage (kein durchgehender Gelenkwellenstrang) für einen Nachbau nicht in Frage.

Die Baureihe V 60 hat die in sie gesetzten Erwartungen erst erfüllt, nachdem die zahlreichen Schwie-

rigkeiten mit den verschiedenen Motoren – insbesondere mit der Zylinderkopfdichtung und der Justierung der Einspritzpumpe – behoben werden konnten. Sie gilt heute jedoch als robuste und brauchbare Maschine für den mittleren Rangierdienst.

Obwohl für die gestellten Anforderungen gut konzipiert, bereiteten die fünf Vorauslok der Baureihe V 200 anfangs große Schwierigkeiten. Störanfälligkeit der Hilfsaggregate, Mängel an der Zylinderschmierung und Unzulänglichkeiten am Hydrogetriebe konnten erst nach längerer Erprobung behoben werden. Die drei Jahre später gelieferten Serienmaschinen haben sich jedoch zufriedenstellend bewährt und wurden z. T. auch in England in Lizenz nachgebaut.

Hierzu muß erwähnt werden, daß gerade der Bau der V 200 (später 220) als ein besonderer Meilenstein in der Entwicklung von Großdiesellokomotiven anzusehen ist. Eine Leistung von 2200 PS konnte bei nur ca. 78 Mp Dienstgewicht einschließlich Zugheizeinrichtung (Dampfkessel und Speisewasservorrat) zuvor nicht verwirklicht werden.

(3.) ENTWICKLUNGEN NACH 1960

Anfang der sechziger Jahre hatte sich die deutsche Wirtschaft von den Folgen des Krieges nicht nur voll erholt, sondern war wieder zur Spitzengruppe der Industrienationen aufgestiegen. Diese Entwicklung blieb auch bei der Bahn nicht ohne Folgen. Die gestiegenen Anforderungen an Komfort und schnellere Zugverbindungen, insbesondere bei den Rheingold-, Rheinpfeil- und TEE-Zügen, verlangten Lokomotiven mit gesteigerter Höchstgeschwindigkeit. Zunächst behalf man sich mit dem Umbau von sechs Fahrzeugen der Baureihe 110.1, die man mit neuen Drehgestellen und geänderter Getriebeübersetzung ausgerüstet hatte, so daß sie 160 km/h Höchstgeschwindigkeit erreichen konnten. Zwischenzeitlich war jedoch für die Baureihe 110 ein neuer, eleganterer, aerodynamisch günstiger Lokomotivkasten entwickelt worden, der auch bei der Baureihe 112

Verwendung fand. Dem Bau von sechs Lokomotiven (112 308–312) folgten 1968 weitere 20 Stück mit ebenfalls 160 km/h Höchstgeschwindigkeit, die mit ihrem Rot-Elfenbein-Anstrich den Farben der TEE-Züge angepaßt waren.

Es war allerdings klar, daß man den neuen Anforderungen im Fernschnellzugdienst auf die Dauer nicht alleine nur mit einer Geschwindigkeitsheraufsetzung vorhandener Fahrzeuge entsprechen konnte. Für Voruntersuchungen wurden darum die Lokomotiven 110 299 und 110 300 mit neuen Drehgestellen und Antrieben ausgerüstet, die eine Höchstgeschwindigkeit von 200 km/h erlaubten. Die auf der Strecke Forchheim–Bamberg durchgeführten Schnellfahrversuche, bei welchen beide Lokomotiven die eben genannte beachtliche Geschwindigkeit erreichten, dienten der weiteren Entwicklung von Schnellfahrlokomotiven und fanden beim Bau der Lokomotive 103 ihre Berücksichtigung. Der Entwicklung einer sechsachsigen Schnellfahrlokomotive im Jahre 1961 lag die Betriebsforderung zugrunde, 400 t-Schnellzüge in der Ebene mit 200 km/h zu befördern, auch bei 5 ‰ Steigung sollte ein Zug mit 300 t Masse die gleiche Geschwindigkeit halten können. Vier Versuchslokomotiven der Baureihe 103 mit unterschiedlichen Antriebsarten wurden gebaut und 1965 auf der IVA in München erstmals der Öffentlichkeit vorgestellt. Bei planmäßig 200 km/h Höchstgeschwindigkeit befuhren sie mit Sonderzügen die Strecke München–Augsburg. Nach umfangreichen Probefahrten wurden sie im Fernschnellzugdienst eingesetzt, wobei sie zumeist vor den eleganten TEE-Zügen zu finden waren.

Für die spätere Serienausführung sah das neue Betriebsprogramm der DB weitere Einsatzmöglichkeiten vor; darin war auch die Beförderung schwerer Schnellzüge bis 160 km/h und von Sonderzügen bis 140 km/h eingeschlossen. Bei den vier Vorauslokomotiven 103, die auch zum Teil im Wechsel mit Maschinen der Baureihe 110 eingesetzt worden waren, stellte sich bald heraus, daß die Dauerleistung des Haupttransformators für solche Einsatzarten nicht ausreichte. So wurde die Serienausführung der Baureihe 103 (103.1) mit verstärkten Fahrmotoren und einem vergrößerten Haupttransformator ausgerü-

stet. Seine Dauerleistung von 6250 kW und ein besonderer Aufbau ermöglichen eine Anpassung an die jeweilige Betriebssituation, wobei zwei Stellungen gewählt werden können. Schnell fahrende Züge, die relativ leicht sind, benötigen hohe Motorspannung und geringe Dauerströme (Stufe 1); schwere Züge bis 160 km/h Höchstgeschwindigkeit benötigen geringere Motorspannung aber hohe Dauerströme (Stufe 2). Bemerkenswert ist auch die in der Baureihe 103 eingebaute elektrische Bremse. Die sechs Fahrmotoren wurden so ausgelegt, daß sie als Generatoren kurzzeitig eine höhere Leistung erbringen können als im Motorbetrieb, sie beträgt hierbei 9800 kW und erlaubt damit auch die schnelle, problemlose Abbremsung schwerster Züge aus hoher Geschwindigkeit.

Auch im Güterzugverkehr mußte zwangsläufig eine Geschwindigkeitssteigerung eintreten, nicht zuletzt, um gegenüber dem Straßentransport konkurrenzfähig bleiben zu können. Ausgangspunkt der 1969 begonnene Entwicklungsarbeiten einer neuen, sechsachsigen Güterzuglokomotive war die Baureihe 150. Die neue Lokomotive sollte jedoch 120 km/h entwickeln können und somit auch zum Einsatz vor den TEEM- und Schnellgüterzügen befähigt sein. Eine beachtlich gesteigerte Motorleistung sollte außerdem die Durchlaßfähigkeit bei Steilrampen vergrößern. Das Betriebsprogramm sah für diese Baureihe die Beförderung folgender Zuglasten vor:

Güterzüge von 2000 t und 5 ‰ Steigung mit 80 km/h
Güterzüge von 1200 t und 5 ‰ Steigung mit 100 km/h
Güterzüge von 1000 t und 5 ‰ Steigung mit 120 km/h

Besondere Konstruktions- und Fertigungsmaßnahmen, die an die Erfahrungen mit der Baureihe 103 anlehnten, erlaubten die Installierung von 6470 kW Dauerleistung bei nur 118 Mp Fahrzeuggewicht. Bei ungefähr gleichbleibender Lokmasse konnte somit gegenüber der Baureihe 150 die Leistung um rund 2000 kW gesteigert werden. In besonderem Rahmen verlief die Entwicklung von Mehrsystemlokomotiven. Die zügig voranschreitende Elektrifizierung in den westlichen Nachbarländern Frankreich, Belgien und den Niederlanden (Frankreich mit Wechselstrom

25 kV, 50 Hz, Belgien und die Niederlande mit Gleichstrom 3 bzw. 1,5 kV) erforderte für den grenzüberschreitenden Verkehr Lokomotiven, die ihren Fahrstrom aus den unterschiedlichen Systemen entnehmen konnten. Der erste Schritt bestand in der Entwicklung dreier Versuchslokomotiven Baureihe 182, die für die beiden Stromsysteme Frankreichs und Deutschlands vorgesehen waren (16⅔ Hz, 15 kV und 50 Hz, 25 kV).

Bei weitgehend gleichem mechanischen Aufbau, der von der Neubaureihe 110 abgeleitet worden war, versah man diese drei Lokomotiven mit unterschiedlicher elektrischer Ausrüstung. Mit einer Höchstgeschwindigkeit von 120 km/h waren sie für den gemischten Dienst vorgesehen. Nach umfangreichen Versuchsfahrten wurden sie nach Saarbrücken Hbf beheimatet, wo sie im Grenzverkehr nach Frankreich eingesetzt sind.

Der zweite Schritt bestand im Bau von fünf Viersystemlokomotiven Baureihe 184 im Jahre 1966 und vier Zweisystemlokomotiven Baureihe 181 im Jahre 1967. Die zuerst gelieferten Viersystemlokomotiven waren mit zwei unterschiedlichen elektrischen Ausrüstungen versehen, die parallel erprobt werden konnten. Die von der DB gestellte Bedingung, eine Viersystemlokomotive mit 3300 kW Leistung bei nur 84 Mp Gesamtgewicht in vierachsiger Ausführung (Bo' Bo') zu bauen, stellte höchste Anforderungen an die Industrie. Beide Baureihen glichen sich im mechanischen Aufbau und waren in der neuen Stahlleichtbauweise erstellt. Ihre Höchstgeschwindigkeit von 150 km/h befähigte sie auch zum Einsatz vor Fernschnellzügen. Die Zweisystemlokomotiven wurden in Saarbrücken Hbf, die Viersystemlokomotiven in Köln-Deutzerfeld stationiert. Zusammenfassend kann gesagt werden, daß sich – ausgenommen die Mehrsystemlokomotiven – die elektrischen Triebfahrzeuge der Nachkriegsneubaureihen bewährt und die an sie gestellten Anforderungen in Bezug auf Leistung und Wartungsarmut weitgehend erfüllt haben. Die anfänglichen Schwierigkeiten mit den Fahrmotoren, dem Lastschalter und der Nachlaufsteuerung – bei der E 10 auch mit den Drehgestellen bei hoher Geschwindigkeit – konnten nach einigen Verbesserungen bald behoben werden.

Die in den fünfziger Jahren gebauten Diesellokomotiven waren richtungsweisend für weitere Entwicklungen. Intensive Untersuchungen an den Gelenkwellensystemen dieser Fahrzeuge, insbesondere an der BR 280, führten zur endgültigen Konzeption für die späteren Standard-Streckendiesellokomotiven der Deutschen Bundesbahn. Wichtigstes Merkmal dieser Lokomotiven war die Anordnung von einem Motor, einem Getriebe und einem vierfach durchgekuppelten, in gleicher Höhe verlaufenden Gelenkwellenstrang, der auf Vorgelege-Radsatzgetriebe wirkt. Um diese Konzeption auch für schwere Streckendiesellokomotiven verwirklichen zu können, mußten zuerst neue, leistungsstärkere Motoren und Getriebe entwickelt werden. Ausgangspunkt für jene Entwicklung stellte der schnellaufende Dieselmotor MB 12 V 493 TZ 10 dar, der in der Baureihe 220 Verwendung gefunden hatte. Bis zu Beginn der siebziger Jahre waren folgende Motoren entwickelt worden:

MB 12 V 493 TZ 10 mit 1100 PS (1953)
MB 12 V 652 TA 10 mit 1350 PS (1962)
MB 16 V 652 TB 10 mit 1900 PS (1961)
MTU 12 V 956 TB 10 mit 2400 bzw. 2500 PS (1968)

Als eines der ersten Fahrzeuge dieser Standardreihe hatte Krupp 1961 die Baureihe 216 entwickelt. Diese Mehrzwecklokomotive mit 1900 PS Motorleistung sowie zwei wählbaren Fahrbereichen (Schnell- und Langsamgang) konnte gleich mehrere Dampflok-Baureihen ersetzen. Sowohl für den Reise- als auch für den Güterzugdienst geeignet, wurde sie in großer Stückzahl gebaut und bildete in Form und Aufbau den Ausgangspunkt für weitere Lokomotiven des neuen Typenprogramms.

Durch die Geschwindigkeitsanhebung aller Zugarten stiegen auch die Anforderungen im Aufgabenbereich der Dieseltraktion. Da die Baureihe 216 diese Ansprüche leistungsmäßig nicht erfüllen konnte, stärkere Motoren zu diesem Zeitpunkt aber nicht zur Verfügung standen, entschloß man sich 1962, abweichend vom neuen Typenprogramm, nochmals zu einem verbesserten Nachbau der Reihe 220. In den mit BR 221 bezeichneten Maschinen konnten ohne Änderung der zulässigen Achslasten zwei Motoren

17

mit je 1350 PS Leistung installiert werden. Gleichzeitig fand hiermit die Entwicklung von Diesellokomotiven mit zwei Maschinenanlagen einen vorläufigen Abschluß.

Mit zunehmender Elektrifizierung der Hauptbahnen zeichnete es sich immer deutlicher ab, daß in Zukunft nur noch elektrisch geheizt werden würde. Da aber die installierte Leistung des Fahrdiesels von 1900 PS für den zusätzlichen Antrieb eines Heizgenerators zu gering war, erprobte man verschiedene Möglichkeiten einer zusätzlichen Brennkraftanlage. So erhielten die Fahrzeuge der Baureihe 217 einen Hilfsdieselmotor von 500 PS Leistung, die Lok 219 001 eine Gasturbine mit 900 PS. Bei beiden Typen trieb das Hilfsaggregat den Heizgenerator an, seine Leistung konnte aber auch in das Getriebe eingespeist und zur Traktion genutzt werden (Sommerbetrieb). Inzwischen hatte man einen Dieselmotor mit 2400 bzw. 2500 PS Leistung zur Serienreife entwickelt, so daß bei der 1968 fertiggestellten Baureihe 218 auf den zusätzlichen Einbau einer Maschinenanlage verzichtet werden konnte. Die Leistungsreserve des Motors ermöglichte den Antrieb des Heizgenerators, der mit ihm über das Flüssigkeitsgetriebe verbunden ist.

Als Übergangslösung ist die Entwicklung der Baureihe 215 anzusehen, deren Auslieferung 1968 begann. Sie wurde mit in der Leistung verschiedenen, jedoch untereinander tauschbaren Motoren ausgerüstet. Die Fahrzeuge der letzten Serie erhielten den gleichen Motor, wie er bei der BR 218 Verwendung gefunden hatte. Zwar wurden alle Lokomotiven noch mit automatischer Dampfkesselanlage zur Zugheizung versehen, der spätere Tausch gegen eine elektrische Zugheiz-Einrichtung ist aber konstruktiv vorbereitet.

Die Forderung, eine Diesellokomotive nach dem Muster der BR 218 mit einer Höchstgeschwindigkeit von 160 km/h bei ausreichender Zugkraftreserve zu verwirklichen, führte zur Entwicklung der Baureihe 210. Neben dem 2500 PS Diesel fand zusätzlich eine Gasturbine mit 1150 PS Verwendung, die die notwendige Leistungssteigerung erbrachte, die Achslasten dieser B' B'-Lokomotive aber in den zulässigen Grenzen hielt. Die Gasturbine dient zur Abdeckung

von Leistungsspitzen bei Beschleunigungsphasen oder auf steigungsreichen Strecken, kann aber nicht als vollwertiger Ersatz für eine höhere Motorleistung angesehen werden.

Gerade die bereits erwähnte Anhebung der Zuggeschwindigkeit stellt immer höhere Anforderungen an die Leistungsfähigkeit der Diesellokomotiven, die im Vergleich mit elektrischen Triebfahrzeugen in ihrer installierten Leistung auf bestimmte Größenordnungen beschränkt sind. Dies bringt zwangsläufig einen ständigen Betrieb im Bereich ihrer oberen Leistungsgrenze mit sich, wodurch die Gefahr eines vorzeitigen Verschleißes der Antriebsanlage vergrößert wird. Es bleibt somit unverständlich, weshalb die Hauptverwaltung der Deutschen Bundesbahn nicht dem Bau einer leistungsstärkeren C' C'-Lokomotive zustimmt, die mit zwei Anlagen der Baureihe 218 kurzfristig realisiert werden könnte. Einsatz der Fahrzeuge in Doppeltraktion kann hierzu keine Alternative sein, zumal sie in der dafür erforderlichen Stückzahl kaum vorhanden sind. Vergleichende Untersuchungen der Betriebs- und Unterhaltungskosten bei Lokomotiven der Baureihen 216 und 221 hatten nämlich gezeigt, daß der Aufwand für zweimotorige Diesellokomotiven gegenüber den einmotorigen bei weitem nicht dem eigentlich erwarteten Unterschied entsprach. Vielmehr lag dieser im Rahmen der höheren Leistung, wobei aber die Summe der störungsfreien Laufkilometer bei der mit zwei Maschinenanlagen ausgerüsteten BR 221 um Faktor 3 höher lag als bei der BR 216.

Auch die Entwicklung der einmotorigen Diesellokomotiven kleinerer Leistungsklasse für den leichten Strecken- und Rangierdienst vollzog sich in Abhängigkeit von den verfügbaren Antriebsanlagen. Der für die Beförderung von Personenzügen vorgesehenen BR 211 mit 1100 PS Motorleistung folgte bald eine stärkere Ausführung mit 1350 PS (BR 212), eine Variante mit hydrodynamischer Bremse für Steilrampen erhielt die Bezeichnung BR 213.

Die in großer Stückzahl gebauten Diesellokomotiven BR 260 für den mittleren Rangierdienst fanden ihre sinnvolle Ergänzung durch die etwas schwerere BR 261. Da man von der zuerst geplanten Verwendung der BR 211 im Rangierdienst Abstand genommen hatte und die Baureihe 260/261 leistungsmäßig für die zunehmend schwerer werdenden Züge nicht mehr ausreiche, begann man mit dem Bau einer Lokomotive für den schweren Rangierdienst. Die für diese Aufgabe entwickelte BR 290 leitete sich in der Grundkonzeption von der BR 211/212 ab und wurde ebenfalls vierachsig in Drehgestellbauweise mit Gelenkwellenantrieb ausgeführt. Damit war der Stangenantrieb bei Diesellokomotiven endgültig verlassen worden.

(4.) AUSBLICK

Die Deutsche Bundesbahn hat in den letzten Jahrzehnten gewaltige Leistungen vollbracht. Den schweren Aufbauarbeiten der Nachkriegsjahre folgte der zügige Ausbau des elektrischen Streckennetzes, das im Sommer 1972 bereits eine Länge von rund 9200 km erreichte. Schritt für Schritt vollzog sich die Strukturwandlung der Zugförderung. Gestiegener Wohlstand zog auch im Reisezugverkehr höhere Komfortansprüche nach sich, die Konkurrenz von Flugzeug und Auto verlangte schnellere Zuggeschwindigkeiten. Auch der Güterverkehr konnte nur durch neue Techniken und umfassende Rationalisierungsmaßnahmen im Strecken- und Rangierdienst den wachsenden Anforderungen der Wirtschaft angeglichen werden.

Die Zukunft der Zugförderung liegt nach heutiger Sicht hauptsächlich in der Elektrotraktion, wird jedoch dort in sinnvoller Weise durch den Dieselbetrieb ergänzt, wo dieser wegen seiner geringeren Anlagekosten wirtschaftlicher ist. Neben den weniger ausgelasteten Nebenstrecken gilt dies besonders für den gesamten Rangierbetrieb. Die Leistungen der im Auslaufen begriffenen Dampftraktion wurden von Jahr zu Jahr geringer und betrugen im ersten Halbjahr 1972 nur noch rund 9 %.

Im Bereich der Beschaffung elektrischer Triebfahrzeuge sind die Lieferungen der vier Neubaureihen nach dem Typenprogramm der fünfziger Jahre fast abgeschlossen. Weitere Neubauten werden sich damit auf Entwicklungen der letzten Jahre beschrän-

ken. Einen ungefähren Überblick gibt diese Aufstellung:

BR 103: Bestand 118 Fahrzeuge, Bestellung der 5. Bauserie mit weiteren 30 Stück ist erfolgt, Auslieferung 1973/74

BR 110: Bestand 383 Fahrzeuge, kein Nachbau

BR 112: Bestand 31 Fahrzeuge, kein Nachbau

BR 139: Bestand 31 Fahrzeuge, kein Nachbau

BR 140: Bestand nach Auslieferung der letzten Fahrzeuge im Herbst 1972 848 Stück, kein Nachbau beabsichtigt

BR 141: Bestand 451 Fahrzeuge, kein Nachbau

BR 150: Bestand 165 Fahrzeuge, Auslieferung weiterer 30 Fahrzeuge 1972/73

BR 151: Auslieferung der Vorserie (12 Fahrzeuge) 1972/73, der 2. Bauserie (25 Stück) 1973/74, sowie Lieferung weiterer 38 Lok für 1974/75 vorgesehen

BR 181: Bestand 4 Fahrzeuge, weitere 25 Stück werden 1974 geliefert werden

BR 182: Bestand 3 Fahrzeuge, kein Nachbau

BR 184: Bestand 5 Fahrzeuge, noch kein Nachbau

Beschränkt man sich bei einer ähnlichen Betrachtung der Diesellokomotiven auf die Entwicklungen der letzten 5 Jahre, die ohnehin nur zur Nachbeschaffung in Frage kommen würden, so ergibt sich folgendes Bild:

BR 210: Bestand 8 Fahrzeuge, kein Nachbau

BR 215: Bestand 150 Fahrzeuge, Lieferung abgeschlossen

BR 216: Bestand 224 Fahrzeuge, keine Nachbeschaffung

BR 217: Bestand 15 Fahrzeuge, kein Nachbau

BR 218: Bestand 86 Fahrzeuge, Auslieferung der 2. Bauserie mit 128 Lok erfolgt 1972–73

BR 219: Bestand 1 Prototyp

BR 290: Bestand 307 Fahrzeuge, Auslieferung der 5. Bauserie mit 100 Lok erfolgt 1972–74

Besonders deutlich erkennt man bei den Diesellokomotiven die Absicht, sich in Zukunft auf nur einige wenige Baureihen zu beschränken. So werden in der Hauptsache die Baureihen 218 und 290 (ggf. auch 291) für den allgemeinen Streckendienst bzw. den Rangier- und Übergabedienst der nächsten Jahre beschafft werden.

Übersicht über die Einteilung der Lokomotiven

(1.) DIE FAHRZEUGNUMMERN

Sämtliche Triebfahrzeuge der Deutschen Bundesbahn sowie zugehörige Steuer-, Mittel- und Beiwagen sind jeweils durch eine siebenstellige Fahrzeugnummer gekennzeichnet. Die Umstellung auf elektronische Datenverarbeitung (EDV), die sämtliche Vorgänge wie Betriebsabrechnungen, Kostenerfassung, Kalkulation und Fahrzeugstatistik erfassen und verwerten kann, erforderte eine Änderung des alten Nummernplanes. Da der Computer nur Zahlen, nicht aber Buchstaben verarbeiten kann, besteht die neue Fahrzeugnummer aus sieben Ziffern, die in drei Gruppen geordnet sind:

> dreistellige Baureihennummer
> dreistellige Ordnungsnummer
> einstellige Kontrollziffer (mit Bindestrich)

BEISPIEL:

150 023–0 (alte Bezeichnung E 50 023)

An erster Stelle steht immer die Baureihennummer; im einzelnen bedeuten:

0 Dampflokomotiven
1 Elektrische Lokomotiven
2 Brennkraftlokomotiven
3 Kleinlokomotiven aller Antriebsarten
4 Elektrische Triebwagen (ohne Akkuwagen)
5 Akkutriebwagen
6 Dieseltriebwagen
7 Schienenomnibusse
8 Steuer-, Mittel- und Beiwagen zu elektrischen Triebwagen
9 Steuer-, Mittel- und Beiwagen zu Brennkrafttriebwagen

Die zweite und dritte Stelle geben die Baureihenbezeichnung an.
Die vierte, fünfte und sechste Stelle bilden die Ordnungsnummern.
Die siebte Stelle, mit einem Bindestrich verbunden, stellt die Kontrollziffer dar:

BEISPIEL:

Bei 103 165–7 bedeutet 1: elektrische Lokomotive, 03: die Baureihe, 165: die Fahrzeugnummer, 7: die Kontrollziffer. Die für den Computer unumgängliche Kontrollziffer läßt sich mit der Hilfszahl 121 212 ermitteln bzw. nachprüfen.

> Fahrzeugnummer: 103 165
> Hilfszahl: 121 212
> Übereinanderliegende Zahlen multipliziert: 103 270

Man multipliziert, rechts beginnend, die übereinanderstehenden Zahlen miteinander und bildet daraus die Quersumme. Subtrahiert man sie anschließend von der nächsthöheren Zehnerzahl, so erhält man die Kontrollziffer:

Quersumme von 103 270 (=) 13
Differenz von der nächsthöheren Dekade: 20–13 = 7

mit Kontrollziffer lautet die Fahrzeugnummer demnach: 103 165–7

(2.) DIE RADSATZANORDNUNG

Die Radsatzanordnung, auch Achsanordnung oder Achsbauart genannt, umfaßt die Anzahl und Reihenfolge der Lauf- und Treibradsätze sowie deren Anordnung in der Lokomotive. Hierbei werden die Laufachsen mit arabischen Zahlen, die angetriebenen Achsen mit großen lateinischen Buchstaben bezeichnet. Lauf- und Treibachsen können entweder im Rahmen oder in Dreh- und Lenkgestellen angeordnet sein. Die allgemeine Bezeichnungsweise zeigt folgende Aufstellung:

LAUFRADSÄTZE:

1   eine Laufachse, im Rahmen gelagert
2   zwei Laufachsen, im Rahmen gelagert
1'   eine vom Rahmen unabhängige Achse (z. B. Bissel-Achse)
2'   ein zweiachsiges Laufachsgestell (usw.)

TREIBRADSÄTZE:

B   zwei gekuppelte Treibradsätze, im Rahmen gelagert
C   drei gekuppelte Treibradsätze, im Rahmen gelagert (usw.)
Bo   zwei Treibradsätze mit Einzelantrieb, im Rahmen gelagert

Co   drei Treibradsätze mit Einzelantrieb, im Rahmen gelagert (usw.)
B'   zweiachsiges Triebdrehgestell mit gekuppelten Treibsätzen
C'   dreiachsiges Triebdrehgestell mit gekuppelten Treibsätzen (usw.)
Bo' zweiachsiges Triebdrehgestell mit Einzelantrieb
Co' dreiachsiges Triebdrehgestell mit Einzelantrieb (usw.)
B'B' zweiachsige Triebdrehgestelle und miteinander gekuppelte Treibsätze

BEISPIELE:

BR 001, Achsfolge 2' C 1': ein zweiachsiges Laufgestell, drei miteinander gekuppelte Treibradsätze, ein einachsiges Laufgestell (Adams-Achse).
BR 103, Achsfolge Co'Co': zwei dreiachsige Triebdrehgestelle mit Einzelantrieb.
BR 218, Achsfolge B'B': zwei zweiachsige Triebdrehgestelle, die miteinander gekuppelt sind.

Die Dampflokomotiven

(1.) EINTEILUNG UND KENNZEICHNUNG

Zur Einteilung der Dampflokomotiven übernahm die Deutsche Bundesbahn zunächst den Nummernplan der ehemaligen Reichsbahn, der auf das Jahr 1923 zurückging und die Ordnung der Fahrzeuge nach Hauptgattungen vorsah. Sowohl die Lokomotiven des neuen Typenprogramms (Einheitsbauart) als auch die vielen Maschinen der Länderbahnen wurden darin berücksichtigt. Für die acht zu erfassenden Hauptgattungen standen 99 Stammnummern zur Verfügung. Ihre Aufteilung wurde in folgender Weise getroffen:

Hauptgattung		Stammnummern
S	Schnellzuglokomotiven	01–19
P	Personenzuglokomotiven	20–39
G	Güterzuglokomotiven	40–59
St u. Pt	Schnell- und Personenzugtenderlokomotiven	60–79
Gt	Güterzugtenderlokomotiven	80–96
Z	Zahnradlokomotiven	97
L	Lokalbahnlokomotiven	98
K	Schmalspurlokomotiven	99

Bei den Einheitslokomotiven der Neubauprogramme 1925 (Bauzeit 1925–1949) und 1950 (1950–1959) wurde zumeist hinter der jeweiligen Baureihe, in Klammern gesetzt, der Vermerk „Einheitslokomotive", bei den Länderbahnmaschinen die ehemalige Länderbahnbezeichnung aufgeführt.

Der am 1. Januar 1968 in Kraft getretene neue Nummernplan der DB orientierte sich zwar weitgehend an dem alten, die Kennzeichnung auf reiner Zahlenbasis mit nur sechs Ziffern (ohne die Kontrollziffer) verlangte jedoch einige Umstellungen, bei welchen man auch Bezeichnungen ehemaliger, bereits ausgemusterter, Lokomotiven heranzog. Die dreistellige Baureihennummer begann nun mit einer Null (für Dampflokomotive).

Eine Gegenüberstellung beider Bezeichnungsarten läßt die Unterschiede erkennen:

gültige Bezeichnung	alte Bezeichnung
001	01
003	03
011	01^{10}
012	01^{10} Öl
023	23
038	38^{10-40}
042	41 Öl
043	44 Öl
044	44
050–053	50
055	55^{25-56}
064	64
065	65
078	78
082	82
094	94^{5-18}

(2.) ZUSATZBEZEICHNUNGEN

Oft wird der Achsfolge eine Zusatzbezeichnung nachgeordnet, die Aufschluß über Dampfart, Zylinderzahl und Dampfdehnung gibt.

Dampfart:
h = Heißdampf
n = Naßdampf

Zylinderzahl:
2 = Zweizylinder
3 = Dreizylinder
4 = Vierzylinder

Art der Dampfdehnung: keine Angabe = einfache Dehnung

v = Verbundwirkung

BEISPIEL:

2' C 1' h 3 bedeutet: eine Dreizylinder-Heißdampfschnellzuglokomotive mit vorderem zweiachsigen Laufdrehgestell, drei gekuppelten Treibradsätzen und einer hinteren Laufachse (Adamsachse).

Die Deutsche Bundesbahn hat schon vor Jahren die letzten Verbund- und Naßdampflokomotiven ausgemustert; die für sie verwendeten Bezeichnungen werden nur der Vollständigkeit halber aufgeführt.

(3.) TENDER

Entsprechend der Einteilung bei Dampflokomotiven unterscheidet man Fahrzeuge mit Schlepptender und solche, die ihre Vorräte direkt auf der Lokomotive mitführen, sogenannte Tenderlokomotiven. Eine Tenderbezeichnung, dargestellt durch ein T, erfolgt nur dann, wenn es sich um einen Schlepptender handelt. Die Ausführung der Achsfolge wird in gleicher Weise wie bei den Lokomotiven gekennzeichnet, sie steht vor dem T. Dahinter ist der mögliche Wasservorrat aufgeführt. Angaben über den Kohlenvorrat werden nicht gegeben.

BEISPIELE:

3 T 16,5 (pr) bedeutet ein Tender mit drei im Rahmen gelagerten Achsen und 16,5 m^3 Wasserinhalt. Die in Klammern gesetzte Abkürzung weist auf den preußischen Ursprung (KPEV) hin.

2' 2' T 34 ist ein Tender mit vier in je zwei Drehgestellen gelagerten Achsen und 34 m^3 Wasservorrat.

2' 3 T 38 Öl stellt einen Tender dar, der vorne ein zweiachsiges Drehgestell besitzt und dessen weitere drei Achsen fest im Rahmen gelagert sind. Er faßt 38 m^3 Wasser und enthält an Stelle eines Kohlebehälters einen Öltank.

(4.) HAUPTTEILE EINER DAMPFLOKOMOTIVE

Rahmen, Kessel, Zylindergruppe, Steuerung und Laufwerk bilden bekanntlich die Hauptteile einer Lokomotive. Durch den Verbrennungsprozeß im Kessel wird die chemische Energie der Kohle bzw. des Heizöls in Wärmeenergie umgewandelt. Das im Kessel befindliche Wasser nimmt diese Wärme auf und geht in Dampf über. Zur Erhöhung des nutzbaren Temperaturgefälles, das wiederum für die Leistung der Lokomotive von Bedeutung ist, wird der Dampf noch über eine Überhitzereinrichtung geführt, bevor er in die Zylinder der Antriebsanlage eingeleitet wird. In den Zylindern wird die Wärmeenergie durch Dampfdehnung in mechanische umgewandelt, die Kolben der Zylinder übertragen die indizierte Leistung über Stangen auf die Treibräder.

1 Stehkessel	10 Speisewasserpumpe	19 Fangbügel	27 Laufrad hinten
2 Langkessel	11 Sicherheitsventil	20 Treibstange	28 Witte-Windleitblech
3 Rauchkammer	12 Dampfpfeife	21 Schwingenstange	29 Führerstand
4 Schornstein	13 Druckluftpumpe	22 Hinteres Treibstangenlager	30 Betriebsnummer
5 Vorwärmer	14 Schieberkasten	23 Steuerstange	31 Indusi
6 Dampfdom	15 Zylinder	24 Kuppelstangen	32 Sandkasten
7 Speisedom	16 Kolbenstange	25 Treibrad	33 Läutewerk
8 Dampfentnahmestutzen	17 Kreuzkopf	26 Laufrad vorne	34 Lichtmaschine
9 Speiseventil	18 Schieberschubstange		

Die Lokomotiven der Deutschen Bundesbahn im Bild

2'C 1' Schnellzuglokomotive BR 001 (01). Als eine der ersten Einheitslokomotiven der ehemaligen Deutschen Reichsbahn kamen im Jahre 1925/26 die ersten 10 Maschinen zum Einsatz, Erstlieferanten waren die Firmen Borsig und AEG. Von 1927 bis 1937 wurden weitere 221 Maschinen beschafft, in den Jahren 1938 bis 1942 kamen noch zehn von 02 in 01 umgebaute Lok hinzu, so daß sich der Gesamtbestand auf 241 erhöhte.

Geballte Kraft: BR 001 008 und 150 verlassen mit dem Eilzug E 1649 in Doppeltraktion Bamberg in Richtung Hof. Während der elfjährigen Bauzeit erfolgten verschiedene, den gewonnenen Erfahrungen entsprechende Änderungen. Der Durchmesser der vorderen Laufräder wurde von 850 mm auf 1000 mm erhöht (ab Lok 01 102); die ursprünglich in den Rauchkammernischen untergebrachten Luft- und Speisewasserpumpen verlegte man zur Fahrzeugmitte, um die Streckensicht zu verbessern; eine Anhebung der Höchstgeschwindigkeit auf 130 km/h verlangte verstärkte Bremsen.

BR 001 211 mit Neubaukessel.
Nach dem 2. Weltkrieg verblieben der DB rund 165 Lokomotiven der Baureihe 01, an denen weitere bauliche Veränderungen vorgenommen wurden. Die großen Windleitbleche ersetzte man durch die kleineren, eleganteren der Bauart Witte; ab 1950 rüstete man zunächst 5 Maschinen mit Verbrennungs-Kammern, Henschel-Mischvorwärmern (Bauart Heinl) und Turbospeisepumpen aus; ab 1957 versah man rund 50 Lokomotiven mit neuen, vollständig geschweißten Kesseln; ein Großteil der Gleitlager wurde durch Wälzlager ersetzt.

27

Lokomotiven der Baureihe 001 im Bw Hof, links mit Altbau-, rechts mit Neubaukessel. Durch den Wegfall von Speisedom und Sandkasten, dem Umbau des vorderen Umlaufs und Rahmenteils sowie der Verwendung eines sehr niedrigen Schornsteins mit doppelter Verkleidung, aus der der Abdampf der Hilfsantriebe entweicht, sind die Maschinen mit Neubaukessel leicht von der ursprünglichen Baureihe zu unterscheiden. – Im Sommer 1972 standen noch rund vierzehn Lokomotiven im Einsatz, alle waren im Bw Hof beheimatet.

2'C' 1' Schnellzuglokomotive BR 003 (03). Für Schnellzugstrecken, deren zulässige Achslast unter 20 Mp lag, erhielt die ehemalige Deutsche Reichsbahn in den Jahren 1930 bis 1937 insgesamt 298 Lokomotiven geliefert. Auch hier wurden während der verschiedenen Bauserien Änderungen getroffen. Ab Lok 03 123 wurden die Luft- und Speisewasserpumpen auf Fahrzeugmitte verlegt, die maximale Achslast der gekuppelten Treibräder erhöhte sich von 17,7 auf 18,2 Mp; ab Lokomotive 03 163 vergrößerte sich der Durchmesser der vorderen Laufräder auf 1000 mm. – Zur Durchführung von Schnellfahrversuchen versah Borsig 1932 bzw. 1935 die Lok 03 154 mit einer Teil-, die 03 193 mit einer Vollverkleidung.

BR 003 131 auf ihrer letzten Fahrt vor dem Personenzug 3342, Friedrichshafen–Ulm, bei Hochdorf. Wie schon bei den Lokomotiven der Baureihe 01 rüstete die DB auch diese auf Witte-Windleitbleche um. Trotz ihrer äußerlich großen Ähnlichkeit mit der Baureihe 01 läßt sich die 03 aufgrund des geringeren Kesseldurchmessers sowie der weiter auseinandergezogenen Anordnung von Dampf- und Speisedom deutlich unterscheiden.

29

Im Sommerfahrplan 1972 war die Lokomotive BR 003 088 die letzte Maschine ihrer Art, ihre Außerdienststellung war für September des gleichen Jahres vorgesehen. Wie schon die Lok BR 003 131, war auch sie im Bw Ulm beheimatet. Aufgrund ihrer Leistungsfähigkeit und ihres günstigen Dampfverbrauchs war diese Baureihe recht beliebt und hat ihre, erst in den Jahren 1956 bis 1958 mit neuen Kesseln versehene, Dreizylinderversion (BR 03^{10}) um Jahre überlebt.

2'C 1' Dreizylinderlokomotive BR 011 072 (01^{10}) mit Neubaukessel. Ab 1937 lieferte Schwartzkopff der ehemaligen Deutschen Reichsbahn insgesamt 55 Lok dieser Dreizylindervariante der BR 01, die mit ihrer Vollverkleidung für 140 km/h zugelassen war. Nach dem Kriege gelangten alle Maschinen in den Bestand der DB. Nach der Demontage der Vollverkleidung liefen diese Lok wieder im normalen Schnellzugdienst. Häufig auftretende Kesselschäden bedingten den Einbau neuer, völlig geschweißter Ersatzkessel, die zuvor vom BZA Minden und Henschel entwickelt worden waren. Im Zuge der Umbauarbeiten wurden auch weitere Verbesserungen vorgenommen: die Gleitlager wurden durch Wälzlager ersetzt, ein zweistufiger Mischvorwärmer (Bauart Heinl) kam zum Einbau. Im Sommer 1972 waren noch 2 Lokomotiven der BR 011 vorhanden (Bw Rheine).

2'C 1' Dreizylinderlokomotive BR 012 (01^{10} Öl). Obwohl die Umbauarbeiten an der BR 011 einen beachtlichen Leistungsanstieg zur Folge hatten, stellte gerade bei schweren Zügen die Feuerung höchste Ansprüche an das Personal. Aus diesem Grunde baute man bei der Lok 011 100 eine Ölzusatzfeuerung ein. Die damit gewonnenen guten Ergebnisse veranlaßten die DB, diese und weitere 33 Lokomotiven mit einer Ölhauptfeuerung auszurüsten. Auffallend an diesen Maschinen ist wiederum der hohe Schornstein mit großem Durchmesser. Wie schon bei den Umbaulok der BR 001 wird auch hier der Streusand beidseitig in je drei Behältern mitgeführt, die in Höhe des Umlaufs angeordnet sind. Die Lok BR 012 sind mit dem fünfachsigen Tender 2' 3 T 38 gekuppelt, der einen Tank mit 12 m³ Öl aufgesetzt hat.

31

Schnellzug D 1335 Münster–Emden bei Salzbergen, es führt BR 012 092. Der Einbau der Ölhauptfeuerung ließ das Leistungsniveau dieser Maschinen weiter ansteigen. Nach der Ausmusterung der zwei Neubaulokomotiven BR 10 sind die Lok der Baureihe 012 wiederum die stärksten Dampflokomotiven der DB und sind – guter Zustand vorausgesetzt – oftmals noch heute den Diesellokomotiven BR 220 überlegen. Anfang 1972 standen noch rund 27 Lokomotiven im Einsatz, sie waren in Rheine und Hamburg-Altona beheimatet.

1'C 1' Personenzuglokomotive BR 023 (23). Im Rahmen des neuen Beschaffungsprogramms lieferte Henschel 1950 die ersten Maschinen an die DB. Obwohl die Grundkonzeption dieser Lokomotive derjenigen der Einheitslokomotive BR 23 von 1941 entsprach, unterschieden sich beide Typen äußerlich sehr. Entsprechend den anderen Neubaulokomotiven wurden auch hier die wichtigen Baugruppen wie Kessel, Rahmen und Tender vollständig geschweißt. Die gelieferten 105 Lokomotiven unterschieden sich nur geringfügig. Ab Betriebsnummer 023 053 erhielten alle Maschinen Wälzlager, Achslagerführungen aus Manganhartstahl und Henschel-Mischvorwärmer, die Lokomotiven davor waren mit Ausnahme der 023 024 und 025, noch mit herkömmlichen Gleitlagern und Oberflächenvorwärmer ausgerüstet.

32

Eilzug E 1651 auf der Fahrt nach Nürnberg, es führt BR 023 021. Wegen ihrer hohen Rückwärtsgeschwindigkeit konnte diese Baureihe universell eingesetzt werden und auch in Tenderloklaufplänen fahren. Die letzte Lokomotive der BR 023 wurde im Dezember 1959 an die DB geliefert, sie war damit auch die letzte Dampflokomotive des Beschaffungsprogramms der DB. Im Sommer 1972 waren noch 77 Maschinen vorhanden, sie verteilten sich auf die Bahnbetriebswerke Saarbrücken, Kaiserslautern und Crailsheim.

2'C Personenzuglokomotive BR 038 (38$^{10-40}$). Die Preußische Staatsbahn stellte im Jahre 1906 die erste dieser später weit verbreiteten Lokomotiven mit der Bezeichnung P 8 in Dienst. Bis zum Jahre 1924 wurden in Deutschland 3431 Lokomotiven für deutsche Bahnen gebaut, weitere Lieferungen gingen in das Ausland. Obwohl ihre Laufeigenschaften im oberen Geschwindigkeitsbereich nicht immer als gut zu bezeichnen waren, galt sie wegen ihrer Wirtschaftlichkeit und ihrer Robustheit als beste preußische Personenzuglokomotive. Viele Bestellungen kamen auch aus dem Ausland, sodaß man diese Baureihe in vielen Ländern Europas antreffen konnte.

BR 038 711 mit Eilzug E 1949 von Nagold nach Freudenstadt auf der Steigung kurz vor Eutingen. Nach dem Krieg übernahm die DB eine große Anzahl dieser Baureihe, noch im Jahre 1957 waren rund 1230 Maschinen im Einsatz. Auch bei diesen Lokomotiven ersetzte man die alten preußischen Windleitbleche durch die Witte-Bauart. Die BR 038 wurden mit verschiedenen Tendern gekuppelt, neben den üblichen Tendern der Bauart 2'2'T 21,5 pr und 2'2'T 31,5 pr kamen auch vermehrt die Wannentender 2'2'T 30 zur Anwendung, die durch Ausmusterung von Kriegslokomotiven (BR 42 und 52) freigeworden waren. Die Anfang der sechziger Jahre anlaufende Beschaffung der neuen Diesellokomotiven der Baureihen 211 und 212 (V 100) in großer Stückzahl bewirkte eine verstärkte Ausmusterung dieser Lokbaureihe. Im Sommer 1972 war der Bestand auf drei Lokomotiven gesunken, welche, im Bw Tübingen beheimatet, jedoch zur baldigen Ausmusterung vorgesehen waren.

1'D 1' Güterzuglokomotive BR 042 (41 Öl). Nach der Lieferung von zwei Probelokomotiven der BR 41 im Jahre 1936 erhielt die ehemalige Deutsche Reichsbahn bis 1941 insgesamt 366 dieser schnellaufenden Güterzuglokomotiven mit variabler Achslast von 18 und 20 Mp. Die Lokomotiven der Baureihe 41 bewährten sich sehr gut, da sie im Wechsel Güter-, Personen- und auch Schnellzüge befördern konnten. Die DB übernahm nach dem Kriege 216 Lokomotiven, von denen in den Jahren 1957 bis 1961 rund neunundneunzig Maschinen vollständig geschweißte Neubaukessel erhielten, die, zusammen mit den anderen Umbauten am vorderen Rahmenende und Umlauf, das Äußere dieser Lokomotiven wesentlich änderten. Bei 40 Maschinen dieser Umbaureihe wurde eine Ölhauptfeuerung eingebaut und entsprechend des neuen Nummernplanes mit BR 042 bezeichnet.

34

Güterzug mit rückwärtsfahrender BR 042 166. Gleichzeitig mit der Umstellung der BR 41 auf Ölhauptfeuerung wurden Tender der Bauart 2'2'T 34 umgebaut. In den ehemaligen Kohlenkasten wurde ein Öltank mit ca. 12 m³ Fassungsvermögen eingesetzt, der fast mit dem Ende des Wasserbehälters abschloß. Hierzu mußte das hintere Begrenzungsblech des Kohlenkastens herausgenommen werden.

BR 042 105 mit einem Militärzug kurz vor Rheine. Wie bei den Lokomotiven der BR 012 haben auch die Maschinen 042 einen auffallend großen Schornstein in doppelwandiger Ausführung. Deutlich kann man an dem äußeren Ring den Abdampf der Hilfsantriebe erkennen, während dem inneren Teil, dem eigentlichen Schornstein, die Rauchgase entweichen. – Im Sommer 1972 standen noch rund 35 Lokomotiven dieser Baureihe im Dienst, sie waren alle im Bw Rheine stationiert.

1'E – Dreizylinder-Güterzuglokomotive BR 043 (44 Öl). Im Rahmen der Erprobung von Ölhauptfeuerungen versah man 1955 auch zwei Lokomotiven der Baureihe 44 mit diesen. Im Gegensatz zu anderen Baureihen, die vor der Umstellung auf Ölfeuerung generell neue Kessel mit Verbrennungskammer erhalten hatten, bestanden bei der BR 44 die notwendigen Umbauten – neben der Änderung der Kesselausrüstung – u. a. nur aus der Entfernung von Rost- und Aschkasten, an deren Stelle ein mit Schamottsteinen ausgemauerter Brennkasten trat. Nach positiv beendeten Versuchen mit diesen zwei Lokomotiven baute man weitere 30 Maschinen auf Ölhauptfeuerung um, welchen nach dem neuen Nummernplan die Bezeichnung 043 zugeordnet wurde.

BR 043 131 in Doppeltraktion mit einer BR 044 vor einem 4000 t Erzzug auf der Strecke Lingen–Rheine. Neben der Leistungssteigerung von rund 10% erbrachte die Ölhauptfeuerung weitere wesentliche Vorteile: einerseits kann vor schweren Zügen oder bei Steigungen weiterhin mit hohem Druck und entsprechender Dampfreserve gefahren werden, ohne das Personal zu überlasten, andererseits kann bei Talfahrten das Feuer kurzzeitig abgeschaltet und damit ein günstiger Brennstoffverbrauch erreicht werden. – Im Jahre 1972 waren bei der DB noch rund 29 Lokomotiven dieser Baureihe zu finden, die in Kassel und zum größten Teil in Rheine stationiert waren.

1'E – Dreizylinder-Güterzuglokomotive BR 044 (44). Als erste Einheitsgüterzuglokomotiven wurden 1925 zehn Vorauslok mit der Bezeichnung BR 44 an die ehemalige Deutsche Reichsbahn geliefert, welchen zwei weitere Lokomotiven (Mitteldruckausführung mit 25 kp/cm² Kesselüberdruck) im Jahre 1932 folgten. Die Serienausführung, die ab 1936 ausgeliefert wurde, erhielt jedoch 16 kp/cm² Kesselüberdruck und einheitliche Zylinderdurchmesser von 550 mm. – Nach dem Kriege kamen noch viele Lokomotiven dieser Baureihe in den Bestand der DB, auch heute (Sommer 1972) zählt man noch 268 Maschinen.

37

BR 044 184 verläßt mit einem Güterzug Koblenz in Richtung Trier (Moselbahn). Während ihrer zwanzigjährigen Bauzeit erfuhr diese Baureihe nur geringe Änderungen. Wie schon bei anderen Lokomotiven ließ auch hier die DB die Speisewasser- und Luftpumpen auf Fahrzeugmitte verlegen und rüstete die Maschinen auf Witte-Windleitbleche um.

Um eine Bremslokomotive für Meßfahrten zur Verfügung zu haben, ließ die DB in die Güterzuglok BR 044 197 eine Riggenbach-Gegendruckbremse einbauen. Sie war noch im Sommer 1972 im Bw Nürnberg Rbf stationiert und diente dem BZA München, Dezernat Brennkraftlokomotiven, als Bremslok bei Meßfahrten für Diesellokomotiven jeder Bauart. Daneben fuhr diese Maschine jedoch im normalen Güterzugumlaufplan.

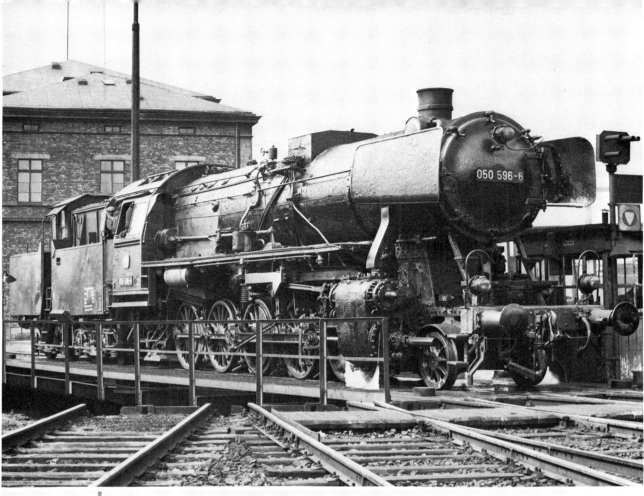

1'E – Güterzuglokomotive BR 050–053 (50^{0-30}). In den Jahren von 1938 bis 1943 wurden rund 3100 Maschinen dieser Baureihe an die ehemalige Deutsche Reichsbahn geliefert. Von der Konstruktion her waren sie für die Beförderung von Güterzügen auf Nebenbahnen bestimmt, ihre maximale Achslast lag bei 15 Mp, die zulässige Höchstgeschwindigkeit von 80 km/h konnte in beiden Richtungen gefahren werden.

39

Zwei Güterzuglokomotiven rangieren in Doppeltraktion mit einem schweren Güterzug in den Bahnhof Crailsheim, es führen die Maschinen BR 051 511 und 050 991. Nach Kriegsende kamen rund 2500 Lokomotiven zur DB, die sie auf Witte-Windleitbleche umrüstete. 806 Lokomotiven standen im Jahre 1972 noch im Dienste der DB.

BR 051 054 mit dem Nahverkehrsschnellzug Aschaffenburg–Miltenberg bei Erlenbach. In den vergangenen Jahren ist die Baureihe 050 zur Universallokomotive geworden und ist sowohl vor Güter- als auch vor Personenzügen zu finden. Wegen ihrer geringen Achslast und der hohen Rückwärtsgeschwindigkeit haben sie auch die meisten Tenderlokomotiven auf den Nebenbahnen abgelöst. Die Leistungsfähigkeit dieser Lokomotiven war so günstig, daß sie Güterzüge von 2000 t noch in der Ebene mit 50 km/h schleppen konnten; Eilzüge mit 930 t wurden mit 80 km/h gefahren.

Im Zuge der Rationalisierung rüstete man Anfang der sechziger Jahre eine große Anzahl der BR 050 mit Kabinentender aus, um das Mitführen von Gepäckwagen in Güterzügen einsparen zu können. Hierzu wurde der normal verwendete Tender 2'2'T 26 mit Zugführerkabine versehen. Deutlich erkennt man bei den vier rechts stehenden Tendern die Anordnung der Kabinen mit den großen Sichtfenstern. Um den Wasserinhalt des Tenders unverändert zu belassen, wurde der Tank bis zur hinteren Pufferbohle hinausgezogen; der Kohlevorrat reduzierte sich jedoch auf 6,6 t.

Auch zwei Lokomotiven der Baureihe 050 erhielten Riggenbach-Gegendruckbremse und standen für Versuchsfahrten des BZA München als Bremslokomotiven zur Verfügung. Nachdem jedoch Mühldorf als letztes Dampflok-Bw im Bereich der BD München seinen Dampflokbestand abzubauen begann und auch das Bw München-Ost die Unterhaltungsanlagen für Dampflokomotiven entfernte, wurde die Lokomotive 050 975 zum Bw Nürnberg Rbf umstationiert. Neben den Versuchsfahrten für das BZA München steht die Lokomotive im normalen Güterzugdienst.

D – Güterzuglokomotive BR 055 (55^{25-56}). In den Jahren 1913 bis 1921 wurden rund 5100 Lokomotiven des Typs G 8^1 pr von deutschen Bahnen erworben. Damit war sie die weitverbreitetste Dampflokomotive überhaupt. Die Reichsbahn reihte die Lokomotiven mit der Bezeichnung BR 55^{25-56} in ihren Fahrzeugpark ein und versah rund 690 Maschinen mit einer vorderen Laufachse (1'D). Sie wurden darauf als Baureihe 56^{2-8} geführt. Nach dem Kriege fiel der DB ein Bestand von über 1000 Maschinen zu; im Jahre 1966 zählte man noch rund 200 Lokomotiven, im Sommer 1972 waren nur noch zwei Maschinen im Bw Gremberg vorhanden, die zur baldigen Ausmusterung vorgesehen waren.

1'C 1' – Tenderlokomotive BR 064 (64). Für den Reisezugverkehr auf den Nebenbahnen erhielt die ehemalige Deutsche Reichsbahn ab 1928 rund 520 dieser leichten Maschinen, die sich bis auf einige Ausnahmen – zehn Fahrzeuge hatten an Stelle der Bissel-Gestelle solche der Bauart Krauss-Helmholtz erhalten – im wesentlichen glichen. Von den rund 115 Lokomotiven, die nach dem Kriege der DB zugefallen waren, befanden sich im Jahre 1972 noch 30 Maschinen bei verschiedenen Bahnbetriebswerken.

43

BR 064 106 auf der Fahrt in Richtung Miltenberg. Obwohl gerade im Bw Aschaffenburg die Neubaureihe 065 die BR 064 ablösen sollten, waren die 065 im Sommer 1972 bis auf eine Lok bereits ausgemustert, die 064 jedoch noch mit 4 Maschinen vertreten. Die Baureihe 064 stellte die Tenderlokversion der Baureihe 24 dar, mit der viele Bauteile austauschbar waren; die letzte Lok BR 24 hatte man bereits im Jahre 1966 ausgemustert.

1'D 2' Tenderlokomotive BR 065 (65) wurde von der DB im Jahre 1951 eingeführt. Sie war vorwiegend für den Nahverkehrsdienst und Vorortsverkehr geplant und sollte als Ersatz für die Baureihen 55 (G8[1]), 93 (T 14[1]) und 94 (T 16[1]) dienen. Die maximale Achslast von rund 17 Mp erlaubte nur einen beschränkten Einsatz auf Nebenbahnen. Insgesamt wurden 18 Lokomotiven ausgeliefert, die alle nach modernen Prinzipien gebaut worden waren. So sind Rahmen, Kessel (mit Verbrennungskammer) und andere Bauteile vollständig geschweißt ausgeführt. Die ersten 13 Lok erhielten Oberflächenvorwärmer, die restlichen Mischvorwärmer.

BR 065 018 mit dem Personenzug 3320 nach Aschaffenburg bei Kleinheubach. Im Sommer 1972 war diese Lokomotive die letzte ihrer Baureihe und befuhr zusammen mit Maschinen der Baureihe 64 die Strecke Aschaffenburg–Miltenberg. Eigentlich fand man bei der DB für diese Lokbaureihe nie eine befriedigende Einsatzform, da sie einerseits eine beachtliche Leistung aufwies, andererseits wegen ihrer geringen Höchstgeschwindigkeit von 85 km/h und der (für Nebenbahnen) hohen Achslast von 17 t nur beschränkt zu verwenden war. Diesel- und Elektrotraktion im Nahverkehr der Großstädte hatten ihren Platz eingenommen.

2'C 2' – Tenderlokomotive BR 078 (78$^{0-5}$). Unter der Bezeichnung T 18 erhielt die Preußische Staatsbahn zwischen 1912 und 1923 rund 460 dieser leistungsfähigen Lokomotiven; weitere Fahrzeuge gingen an andere Bahnverwaltungen des In- und Auslandes. Die ehemalige Deutsche Reichsbahn übernahm ungefähr 480 Fahrzeuge, von denen wiederum 424 Lokomotiven nach dem Krieg in den Bestand der DB kamen. Schon Ende der fünfziger Jahre begann eine verstärkte Ausmusterung dieser Baureihe, im Frühjahr 1972 zählten noch sieben Lokomotiven zum Bestand der DB.

Nahverkehrsschnellzug N 3902 mit Tenderlok BR 078 192 verläßt Villingen in Richtung Rottweil. Diese ehemaligen preußischen T 18 waren beim Personal recht beliebt und konnten sowohl im Eil- als auch Personenzugdienst beachtliche Leistungen erbringen. Personenzüge von rund 540 t konnten in der Ebene mit 85 km/h befördert werden, bei 5% Steigung wurden bei gleichem Gewicht noch über 50 km/h erreicht.

E-Rangiertenderlokomotive BR 082 (82). Als erste Neubaulokomotiven erhielt die DB im Jahre 1950 die von Henschel gebauten Maschinen. Wie auch bei den folgenden Neubaulokomotiven des neuen Typenprogramms waren Rahmen und Kessel in moderner Schweißkonstruktion ausgeführt. Im Vergleich mit den Einheitslokomotiven 1925 hatten diese Neubauloks ein völlig geändertes Aussehen, da man auf einen Speisedom verzichtet und die Sandbehälter rechts und links des Kessels untergebracht hatte. Jeweils die zwei ersten und letzten Achsen waren als Beugniot-Gestelle ausgeführt, dieser Umstand erlaubte auch den Einsatz auf sehr engen Gleisbogen. Durch die vermehrte Beschaffung von Diesellokomotiven begann bereits Mitte/Ende der sechziger Jahre die Ausmusterung dieser Lokomotive, im Bw Koblenz schied die hier abgebildete Lok 082 021 als letzte ihrer Gattung im Sommer 1972 aus den Diensten der DB.

1'D 1' Tenderlokomotive BR 086 (86). Der in den Jahren 1928 bis 1943 beschafften Lokomotivbaureihe hatte die ehemalige Deutsche Reichsbahn eine Vielfalt von Aufgaben zugedacht. Diese Maschinen sollten auf Nebenbahnen sowohl Reise- als auch Güterzüge befördern können und auch bei steigungsreichen Strecken günstige Fahrzeiten erbringen. Von den 775 Lokomotiven der Reichsbahn fanden nach dem Kriege rund 380 Maschinen zur DB. Im Sommer 1972 war ihr Bestand auf 24 Fahrzeuge zusammengeschrumpft.

Tenderlokomotive BR 086 407 rangiert im Hbf Hof vor einem Personenzug. Während der fünfzehnjährigen Bauzeit wurden nur geringe Änderungen vorgenommen. Ab Lokomotive 86 336 sowie den Maschinen 86 293 bis 86 296 traten an Stelle der bisher verwendeten Bissel-Gestelle Lenkgestelle der Bauart Krauss-Helmholtz. Ab Lokomotive 86 234 wurde die Höchstgeschwindigkeit in beiden Richtungen auf 80 km/h erhöht; 16 Fahrzeuge erhielten Gegendruckbremsen (86 001–016).

47

E-Güterzug-Tenderlokomotive BR 094 (94$^{5-18}$). Noch die Preußische Staatsbahn erhielt im Jahre 1914 die ersten Maschinen dieser Baureihe unter der Bezeichnung T 16^1. Weit über tausend Lokomotiven wurden von der ehemaligen Deutschen Reichsbahn übernommen, bzw. an sie direkt geliefert. Für den Einsatz auf Steilstrecken wurde einigen Lokomotiven eine Gegendruck-Bremse eingebaut. – Obwohl ein beachtlicher Bestand von der DB übernommen wurde, und diese Baureihe fast in jedem großen Verschiebebahnhof anzutreffen war, erfolgte in den sechziger Jahren eine verstärkte Ausmusterung. Im Frühjahr 1972 zählten noch rund 38 Maschinen zum Bestand der DB.

Die Elektrischen Lokomotiven

(1.) EINTEILUNG UND KENNZEICHNUNG

Auch bei der Einteilung der Elektrolokomotiven übernahm die Deutsche Bundesbahn zunächst den Nummernplan der ehemaligen Reichsbahn, der aus dem Jahre 1927 stammte. Wesentliches Merkmal dieses Plans war die Orientierung der Stammnummern nach den zugeordneten Stromsystemen. Sie lauteten:

E 01– 99 für den Betrieb mit Einphasen-Wechselstrom von 16 ⅔ Hz
E 101–199 für den Betrieb mit Gleichstrom
E 201–299 für den Betrieb mit Einphasen-Wechselstrom von 50 Hz
E 301–399 für den Betrieb mit zwei Stromsystemen
E 401–499 für den Betrieb mit drei und mehr Stromsystemen

Innerhalb der Baureihennummern wurden wiederum die einzelnen Baureihen nach ihren Höchstgeschwindigkeiten zusammengefaßt:

E 01 – E 19 für Geschwindigkeiten über 120 km/h
E 20 – E 59 für Geschwindigkeiten von 90 bis 120 km/h
E 60 – E 99 für Geschwindigkeiten unter 90 km/h

Diese Einteilung traf nicht immer ganz richtig zu. So fuhren die E 16 und E 17 nur 120 km/h, die E 94 erreichte 90 km/h.

Lokomotiven einer Standardbaureihe, die durch Umbau oder konstruktive Änderungen von der normalen Ausführung abwichen, kennzeichnete man, indem die zwei letzten Ziffern der Ordnungsnummer weggelassen und der verbliebene Rest als Index zur Baureihennummer gesetzt wurde.

BEISPIEL:
$E\ 10^0$ = Vorauslokomotiven der Baureihe E 10 mit den Nummern E 10 001–005
$E\ 10^1$ = Serienlokomotive E 10, z. B. ab E 10 101
$E\ 10^{12}$ = Variante der Baureihe E 10 mit 160 km/h Höchstgeschwindigkeit, z. B. E 10 1239

Der am 1. Januar 1968 eingeführte neue Nummernplan bewirkte eine Änderung der Baureihenbezeichnungen, da die Fahrzeugnummern nur noch aus sechs Ziffern und einer Kontrollzahl bestehen durften. Das frühere Geschwindigkeitsschema verlor dadurch ganz an Gültigkeit, da in den Bereich der früheren Baureihen mit Höchstgeschwindigkeiten unter 90 km/h auch die Mehrsystemlokomotiven integriert wurden. Die entstandenen Unterschiede zeigt diese Aufstellung:

gültige Bezeichnung	alte Bezeichnung
103	E 03
104	E 04
110	E 10
112	$E\ 10^{12}$
116	E 16
117	E 17
118	E 18
119	E 19
132	E 32
139	$E\ 40^{11}$
140	E 40
141	E 41
144	E 44
145	$E\ 44^{11}$
150	E 50

gültige Bezeichnung	alte Bezeichnung
152	E 52
160	E 60
163	E 63
169	E 69
175	E 75
181	E 310
182	E 320
184	E 410
191	E 91
193	E 93
194	E 94

Bei Unterbauarten einer Baureihe wird nunmehr die erste Ziffer der Ordnungsnummer, durch einen Punkt getrennt, hinter die Baureihenbezeichnung gesetzt.

BEISPIEL:
110.1 = Serienlokomotive 110
103.0 = Vorauslokomotiven 103 001–004

(2.) HAUPTTEILE EINER ELEKTROLOKOMOTIVE

Die Entwicklung der elektrischen Lokomotiven wurde durch eine immer weiter ansteigende Forderung an Zugkraft und Geschwindigkeit bestimmt. Höhere Leistung bedeutet aber auch höheres Gewicht der Antriebsanlagen und kann nur in jenem Rahmen liegen, den die Achszahl bzw. die zulässigen Achslasten vorgeben. Wege, zugunsten der elektrischen Ausrüstung die Masse des mechanischen Teils zu verringern, führten zur Stahlleichtbauweise, wie sie bei der Baureihe 103 praktiziert wurde. Im Gegensatz zu den vier Baureihen des ersten Nachkriegstypenprogramms, bei dem noch Hauptrahmen und Loko-

Typenbild und Geräteanordnung der Serienlokomotive 103

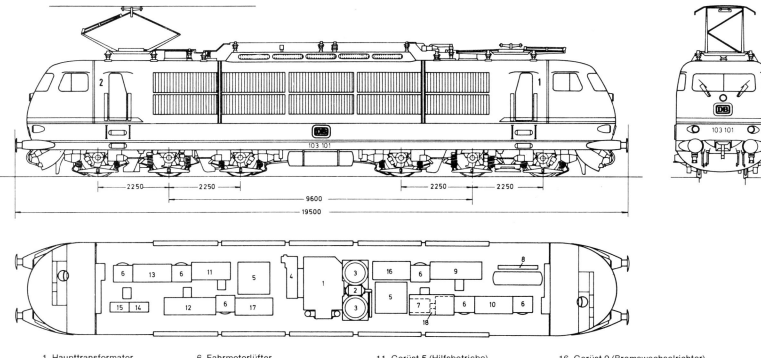

1 Haupttransformator
2 Ölpumpe
3 Ölkühlerlüfter
4 Schaltwerk
5 Bremswiderstand
6 Fahrmotorlüfter
7 Hauptluftpresser
8 Gerüst 1 (Hilfsbetriebe)
9 Gerüst 2 (Hauptstrom)
10 Gerüst 3 (Druckluft)
11 Gerüst 5 (Hilfsbetriebe)
12 Gerüst 6 (Hauptstrom)
13 Gerüst 7 (Indusi, Sifa)
14 Gerüst 8a (Geschwindigkeitsr.)
15 Gerüst 8b (Linienzugbeeinfl.)
16 Gerüst 9 (Bremswechselrichter)
17 Gerüst 10 (Bremswechselrichter)
18 Gerüst 11 (Druckluft)

motivkasten zu einem tragenden Element vereinigt sind, besitzen die neueren Lokomotiven einen alleintragenden, als geschweißter Brückenrahmen ausgeführten Hauptrahmen, mit dem nur die beiden Endführerstände fest verbunden sind. Der Maschinenraum wird durch drei Leichtbauhauben (Baureihen 103 aus Alu, bei 151, 181 und 184 aus Stahl) abgedeckt, die mit dem Hauptrahmen nur verschraubt sind und bei größeren Reparaturen entfernt werden können. Die Anordnung der Fahrzeugausrüstung zeigt die Zeichnung auf Seite 50.

Während die Einrahmenlokomotiven der Vorkriegszeit mit Stangen- und später mit Federtopfantrieb ausgerüstet waren, verlangten die neuzeitlichen, laufachslosen Drehgestellokomotiven andere Übertragungsarten für die Motorleistung. Die Tatzlagerbauweise erfüllte zwar die gestellten Forderungen nach Einfachheit und Robustheit, hatte aber den Nachteil großer, ungefederter Massen. Die Erprobung verschiedener Antriebssysteme in den Vorauslokomotiven der Baureihe 110 führten zum SSW-Gummiringfederantrieb, der als Standardantrieb in allen vier Neubaulokomotivtypen der DB Verwendung fand. – Für schnelle Fahrzeuge hoher Leistung wurde daraus der SSW-Gummiringkardanantrieb entwickelt, in zwei Vorauslok der Baureihe 103 erprobt und darauf für die Serienausführung übernommen. Diese Antriebsanordnung übernimmt alle Relativbewegungen zwischen federnd aufgehängter Antriebsachse und dem Fahrmotor, der dadurch fest im Drehgestellrahmen gelagert werden konnte. Den Aufbau des Gummiringkardanantriebs zeigt die folgende Schnittzeichnung.

Die Angabe der Nennleistung bei einer elektrischen Lokomotive kann nur teilweise über ihre tatsächliche Leistungsfähigkeit Auskunft geben. Sie läßt sich jedoch genau aus dem Zugkraft-/Geschwindigkeitsdiagramm ersehen. Als Beispiel ist hier das Z/V-Diagramm der Serienlokomotive 103 angeführt.

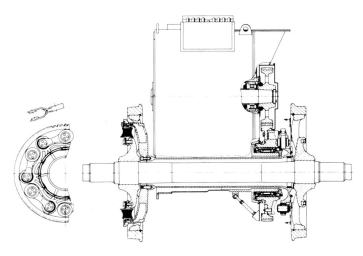

Aufbau des Gummiringkardanantriebs

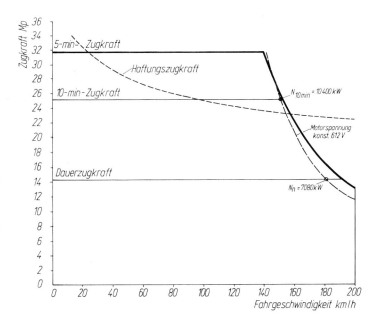

Zugkraft-/Geschwindigkeitsdiagramm Baureihe 103.1

Co'Co' Schnellzuglokomotive BR 103 (E 03). Nach mehrjähriger Erprobung der vier Vorauslokomotiven 103 001 bis 004 wurden Ende des Jahres 1970 die ersten Fahrzeuge der Serienausführung der DB übergeben. Neben der Verdoppelung der seitlichen Lüftungsgitterreihen wurden im Vergleich mit den Vorauslokomotiven weitere Änderungen vorgenommen. Das neue Betriebsprogramm der DB sah für die Serienlokomotiven eine weitere Einsatzmöglichkeit vor, die auch die Beförderung von schweren Schnellzügen bis 160 km/h und von Sonderzügen bis 140 km/h einschloß. Damit sind diese Fahrzeuge, die bisher vornehmlich in TEE- und IC-Plänen gelaufen waren, universell und optimal einzusetzen. Neben der Normalausführung von 200 km/h Höchstgeschwindigkeit wurde die Lokomotive 103 118 für eine Höchstgeschwindigkeit von 250 km/h ausgelegt. Die Schnellfahrversuche sollen im Jahre 1973 beginnen.

52

Schnellfahrlokomotive BR 103 192 überquert mit TEE „Blauer Enzian" den Lech bei Augsburg. Die Lokomotiven dieser Baureihe sind die stärksten der DB und besitzen eine Dauerleistung (UIC 614) von 7080 kW, selbst bei der Höchstgeschwindigkeit von 200 km/h ist noch eine Dauerzugkraft von rund 11 Mp zu erreichen. – Im Sommer 1972 standen, einschließlich der vier Vorauslokomotiven, bereits 118 dieser leistungsfähigen Fahrzeuge im Dienste der DB. Weitere 30 Lokomotiven (5. Bauserie) wurden bestellt, mit deren Auslieferung 1973/74 zu rechnen ist. Diese Lokomotiven sollen mit Drehgestellen versehen werden, deren erste und dritte Achse um 25 mm seitenverschiebbar angeordnet sein werden, um auch das Durchfahren von Weichen bei hoher Geschwindigkeit ohne zu große Belastung des Oberbaues zu ermöglichen. Weiterhin werden alle dreißig Fahrzeuge Einholmdachstromabnehmer erhalten.

Vorserienlokomotive BR 103 004 vor dem Intercity-Zug „Präsident", abfahrbereit im Münchener Hauptbahnhof. – Die Baureihe 103 wurde von den Firmen SSW und RH in Zusammenarbeit mit dem BZA München entwickelt und der Öffentlichkeit erstmals bei der IVA in München 1965 vorgestellt. Die Antriebsausführung der vier Vorauslokomotiven war verschieden. Während die Lokomotiven 103 001 und 003 einen Verzweigerantrieb mit Gummidrehfeder und doppelseitigem Stirnradantrieb erhalten hatten, versah man die Fahrzeuge 103 002 und 004 mit einem Gummiringkardanantrieb mit nur einseitigem Stirnradgetriebe. Diese Antriebsart wurde auch für die Serienausführung ausgewählt. Interessant ist die Anordnung der Fahrmotoren, die in den Drehgestellen fest gelagert sind und damit die unabgefederte Massen auf das notwendige Minimum beschränken. Sämtliche Relativbewegungen zwischen gefedertem Treibradsatz und Antriebsmotor werden vom Gummiringkardanantrieb ausgeglichen.

1' Co 1' Schnellzuglokomotive BR 104 (E 04). Die sowohl im mechanischen wie auch elektrischen Teil von AEG gebauten Lokomotiven wurden zwischen 1934 und 1935 in einer Stückzahl von 23 Fahrzeugen an die ehemalige Deutsche Reichsbahn geliefert. Sechs Fahrzeuge, E 04 17–22 kamen in den Besitz der DB. Die Zusammenfassung der Laufachsen mit den gegenüberliegenden Treibachsen zu Krauss-Helmholtz-Lenkgestellen gab diesen Lokomotiven gute Laufeigenschaften, sodaß bei der zweiten Bauserie die Höchstgeschwindigkeit von 110 auf 130 km/h geändert werden konnte.

54

Personenzug 2260 aus Münster verläßt Drensteinfurt in Richtung Hamm. Nach dem Einsatz in Süddeutschland wurden alle sechs Lokomotiven in Osnabrück beheimatet und werden dort im Eil- und Personenzugverkehr eingesetzt. Wie viele andere Altbaulokomotiven erhielten auch die Stromabnehmer der BR 104 Oberschere und Wippe des DBS 54 und können somit mit einem Stromabnehmer fahren. Die Baureihe 104 ist nicht zur Umrüstung auf automatische Kupplung vorgesehen, sodaß sie voraussichtlich nur noch rund 8 Jahre im Dienst bleiben wird.

Bo' Bo' Lokomotive BR 110 001 (E 10⁰). Als erste elektrische Neubaulokomotive wurde die BR 110 001 von AEG und KM entwickelt und am 23. August 1952 der DB ausgeliefert. Hierbei verzichtete man auf die bisher üblichen Antriebsübertragungsarten wie Federtopf- oder Tatzlagerantrieb (E 18 / E 44), sondern sah einen Hohlwellenantrieb der Bauart Alsthom vor. Rahmen, Aufbau und Drehgestelle der Lokomotive waren geschweißt. – Ihre Höchstgeschwindigkeit war auf 130 km/h begrenzt, um damit auch im gemischten Dienst fahren zu können.

55

Bo' Bo' Lokomotive BR 110 002 (E 10⁰). Die zweite Vorauslokomotive der Baureihe 110 war in Zusammenarbeit der Firmen Krupp und BBC entstanden und 1953 an die DB geliefert worden. Rahmen, Drehgestelle und Aufbauten waren wiederum geschweißt ausgeführt. Als Antrieb kam das BBC-Scheibensystem zum Einbau, bei dem das Motordrehmoment über Hohlwellen und Stahlscheiben federnd auf die Antriebsachse übertragen wird.

Bo' Bo' Lokomotive BR 110 003 (E 10⁰). Siemens und Henschel entwickelten den dritten Prototyp der neugeplanten Universallokomotive. Im Aufbau lehnte sie sich an die zwei vorausgegangenen Lokomotiven an, neu war jedoch der SSW-Gummiring-Antrieb. Ihre Höchstgeschwindigkeit wurde mit 130 km/h so gewählt, daß auch ein Einsatz vor Güterzügen möglich war.

Bo' Bo' Lokomotive BR 110 004 (E 10⁰). Die vierte und fünfte Vorauslokomotive wurde wiederum bei Henschel gebaut, den elektrischen Teil lieferten AEG und BBC. In beiden Maschinen war ein Antrieb der Bauart Sécheron eingebaut, bei dem das Motordrehmoment über Torsionsstab und Lamellenkupplung auf die Antriebsachse übertragen wird. – Nach umfangreichen Versuchsfahrten kamen alle fünf Vorauslokomotiven zum Bw Nürnberg Hbf. Die verschiedenartigen Dachstromabnehmer wurden durch den Einheitstyp DBS 54 ersetzt. In den ersten Betriebsjahren wurden sie im schweren Reisezugdienst eingesetzt und erbrachten beachtliche Laufleistungen. Ende der sechziger Jahre ließ ihre Betriebsbereitschaft merklich nach, sodaß man sie nur noch vor Eil- und Personenzügen im Raum Nürnberg einsetzte. Da für diese fünf Maschinen ein Einbau der automatischen Kupplung nicht vorgesehen ist, dürften sie spätestens bis 1981 ausgemustert werden.

Bo' Bo' Schnellzuglokomotive BR 110 (E 10[1]). Im Jahre 1956 wurde die erste Serienausführung der Baureihe 110 ausgeliefert. KM hatte den mechanischen, SSW den elektrischen Teil geliefert. Brückenrahmen und Kastenaufbau sind als selbsttragende Konstruktion ausgeführt und miteinander verschweißt. In die ebenfalls geschweißten Drehgestelle kam der SSW-Gummiringantrieb, der sich bereits in der Vorauslokomotive 110 003 bewährt hatte. Nach dem neuen Betriebsprogramm der DB war die Serienlokomotive für Schnell- und Eilzüge vorgesehen, ihre zulässige Höchstgeschwindigkeit betrug 150 km/h. Entsprechend den neuen Forderungen wurden nunmehr Schnell- und Güterzuglokomotiven getrennt beschafft, sodaß auf den Nachbau der Vorauslokomotiven – einst als Universaltriebfahrzeuge gedacht – verzichtet wurde.

Eilzug E 1886 Garmisch-Partenkirchen nach München bei Oberau, es führt BR 110 226. Die Serienausführung in vorliegender Art wurde in einer Stückzahl von 181 Fahrzeugen geliefert, am Bau waren fast alle deutsche Lokomotivhersteller, wie KM, FK, HW, SSW, AEG und BBC beteiligt. Rein äußerlich wurden während der sechsjährigen Bauzeit nur geringe Änderungen vorgenommen, nämlich an den Stirnlampen und Lüftungsgittern.

Bo' Bo' Schnellzuglokomotive BR 110³ (E 10³). Ab 1963 wurden die Lokomotiven der Baureihe 110 mit einem neuen Kastenaufbau versehen, dessen Styling, ergänzt durch verkleidete Pufferträger und herumgeführte Schürze an den Stirnseiten, diesen Fahrzeugen ein modernes und elegantes Aussehen verlieh. Die abgebildete Lokomotive 110 299 wurde für Versuchszwecke von Henschel für eine Höchstgeschwindigkeit von 200 km/h ausgelegt. Ähnlich verfuhr man mit der nächsten Maschine 110 300, die mit einem Gummiring-Kardanantrieb ausgerüstet wurde. Mit beiden Lokomotiven konnten Schnellfahrversuche bis 200 km/h unternommen werden. Der von SSW entwickelte Gummiring-Kardanantrieb bewährte sich hierbei so gut, daß er auch in den später gebauten Schnellfahrlokomotiven BR 103 Verwendung fand.

58

Schnellzug D 210 mit Lokomotive BR 110 434 hat Rosenheim verlassen und fährt nun in Richtung München weiter. Rund 197 Fahrzeuge dieser Bauart stehen in den Diensten der DB. Obwohl sie sich äußerlich von der BR 110¹ unterscheiden, sind die elektrischen und mechanischen Einrichtungen bis auf kleine Abweichungen die gleichen geblieben.

Bo' Bo' Schnellzuglokomotive BR 112 (E 10^{12}). Zur Beförderung der schnellen TEE-Züge wurden 1962 die Lokomotiven der Baureihe 112 in Dienst gestellt. Das Fahrzeug war eine Gemeinschaftsarbeit des BZA München und der Firmen KM, SSW und RH. Aufbau und Fahrmotoren entsprachen jenen der Baureihe 110^3, neu waren jedoch die Drehgestelle, die von Henschel entwickelt worden waren. Durch eine Änderung der Getriebeübersetzung konnte die Höchstgeschwindigkeit auf 160 km/h heraufgesetzt werden. Die Fahrzeuge erhielten einen weinrot-gelben Anstrich und führten meist die eleganten Rheingold- und Rheinpfeilzüge.

59

BR 112 492 mit Eilzug E 1827 auf der Strecke Wiesbaden–Frankfurt bei Flörsheim/Main. Bis zur Beschaffung der Schnellfahrlokomotiven 103 waren die Fahrzeuge der Baureihe 112 die schnellsten der DB. Ihren Aufgaben entsprechend hatte man sie alle im Bw Frankfurt Hbf zusammengezogen. Da bereits im Jahre 1971 die Baureihe 103 in größerer Stückzahl vorhanden war, wurde ein Großteil der Baureihe 112 dem Bw Dortmund zugeteilt, wo sie nun im Wechsel mit den normalen 110 im Schnell- und Eilzugeinsatz stehen.

1' Do 1' Schnellzuglokomotive BR 116 (E 16 01–10). Die erste Serie dieser schweren Schnellzuglokomotiven kam noch unter der bayerischen Bezeichnung ES 1 1926/27 zur ehemaligen Deutschen Reichsbahn. Auffallend an diesen Fahrzeugen war der einseitige Buchli-Antrieb, den BBC (Baden) zuvor bereits in Fahrzeugen der SBB erprobt hatte.

60

Im Jahre 1928 wurde mit der Auslieferung der zweiten Serie (E 16 11–17) begonnen, die mit stärkeren Motoren ausgerüstet war. Alle anderen Bauteile und auch das Aussehen der Nachbauserie blieben mit der ersten identisch. Die zulässige Höchstgeschwindigkeit lag bei 120 km/h.

Eine weitere Leistungssteigerung erfuhren die Lokomotiven der dritten Serie (E 16^1, 18–21), die ab 1932 bei der Reichsbahn in Betrieb genommen wurde. Die Nennleistung war auf 2655 kW angestiegen und befähigte die Maschinen, auch auf steigungsreichen Strecken schwere Schnellzüge zu befördern. Äußerlich waren die Fahrzeuge durch die geänderte Ausführung des Buchli-Antriebs zu unterscheiden, dessen vier Einheiten nun in einem gemeinsamen Rahmen lagerten. – Später wurde die Antriebsanordnung wieder derjenigen der vorausgegangenen Serien angeglichen.

61

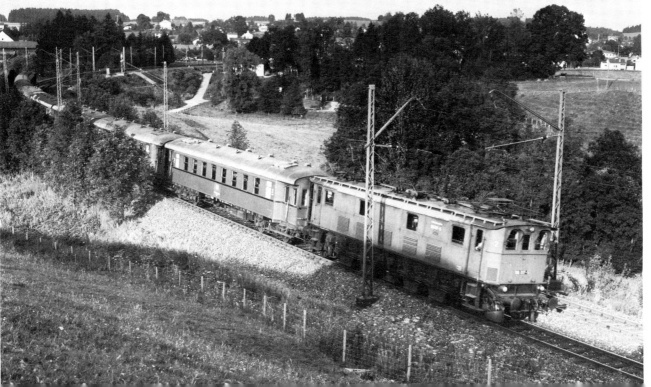

BR 116 017 hat mit dem Personenzug 2814 Endorf verlassen und fährt weiter in Richtung Rosenheim. Die DB übernahm 19 Maschinen, zwei waren im Krieg verloren gegangen. Im Sommer 1972 zählten noch 18 Fahrzeuge zum Bestand der DB, da eine Lokomotive wegen eines Unfalls z-gestellt werden mußte. Sämtliche Lokomotiven sind nach wie vor im Bw Freilassing stationiert und werden oftmals an das Bw München Hbf ausgeliehen. Sie stehen nunmehr über vier Jahrzehnte im Einsatz und sind auch heute noch zum Teil im Schnell- und Eilzugdienst zu finden. Trotz des noch handbetriebenen Schaltwerks sind die Lokomotiven beim Personal recht beliebt. – Die Lokomotive 116 001 ist für ein Museum vorgesehen.

1' Do 1' Schnellzuglokomotive BR 117 (E 17). Die ehemalige Deutsche Reichsbahn stellte insgesamt 38 Fahrzeuge in Dienst, die Auslieferung der ersten Lokomotiven erfolgte 1928. AEG lieferte den mechanischen Teil mit dem charakteristischen Gitterrahmen, der elektrische kam von Wasseg. Die Laufachsen waren mit den benachbarten Treibachsen zu AEG-Krauss-Helmholtz-Lenkgestellen vereinigt, die Kraftübertragung erfolgte über Federtopfantrieb.

Eilzug E 2005 Augsburg–München kurz vor Hochzoll, es führt BR 117 120. Nach Kriegsende fielen der DB 26 Maschinen zu, die alle im Bw Augsburg stationiert wurden. Im Sommer 1972 lieh man einige Fahrzeuge an das Bw Stuttgart Hbf aus, um dem dortigen Triebfahrzeugmangel – bedingt durch die hohe Zahl der Sonderzüge – abzuhelfen. Eine Lokomotive 117 ist für den Einbau der automatischen Kupplung (AK) vorgesehen.

1' Do 1' Schnellzuglokomotive BR 118 (E 18). Als indirekte Weiterentwicklung der E 17 baute AEG eine Hochleistungslokomotive mit 150 km/h Höchstgeschwindigkeit und stromlinienförmigem Kastenaufbau, die bei der ehemaligen Deutschen Reichsbahn unter der Bezeichnung E 18 1935 eingeführt wurde. Die erste Lokomotive dieser Baureihe legte mit zehn D-Zugwagen die Strecke München–Stuttgart (241 Bahnkilometer) in einer Rekordzeit von 2 Stunden 17 Minuten zurück, womit sie eine Reisegeschwindigkeit von rund 106 km/h erreichte. Aufgrund ihrer Leistungsfähigkeit erteilte man auf der Weltausstellung 1935 in Paris der E 18 den Grand Prix.

63

Eilzug E 1808 verläßt München in Richtung Regensburg, im Vorspann fährt Lok 118 005. Zu den 39 von der Reichsbahn übernommenen Fahrzeugen erhielt die DB 1955 noch 2 weitere. Sie waren von den Firmen Krupp und AEG nachgebaut worden und trugen die Nummern E 18 054 und 055. Zur besseren Kühlung der Fahrmotoren wurden die unter den Pufferbohlen herumgeführten Schürzen wieder entfernt. Die Dachstromabnehmer erhielten Oberschere und Wippe des Typs DBS 54 und erlauben somit den Lokomotiven, mit einem Bügel zu fahren.

1' Do 1' Schnellzuglokomotive BR 119 (E 19 01–02). Bereits zwei Jahre nach der Einführung der neuen E 18, gab die Reichsbahn noch leistungsfähigere Lokomotiven in Auftrag. Diese waren für den Einsatz vor FD-Zügen vorgesehen und sollten eine zulässige Höchstgeschwindigkeit von 180 km/h fahren können. AEG lieferte die zwei ersten Lokomotiven, die in ihrem mechanischen Aufbau der Baureihe E 18 entsprachen. So waren auch hier jeweils die beiden Laufachsen mit den gegenüberliegenden Treibachsen zu AEG-Krauss-Helmholtz-Lenkgestellen zusammengefaßt. Neu und leistungsfähiger waren jedoch Transformator und Fahrmotoren. Wegen der hohen Geschwindigkeit der Fahrzeuge kam auch eine elektrische Widerstandsbremse zum Einbau. Motoren und Getriebe waren so ausgelegt, daß bei Schnellfahrversuchen die Geschwindigkeit bis auf 225 km/h gesteigert werden konnte. Die Kriegsgeschehen verhinderten jedoch die geplanten Versuche.

1' Do 1' Schnellzuglokomotive BR 119 (E 19 11–12). Auch die Firmen Henschel und Siemens arbeiteten an dem von der Reichsbahn gestellten Auftrag und lieferten 1940 zwei Lokomotiven als Parallelentwicklung zu den AEG Fahrzeugen. Rein äußerlich ließen sich diese Lokomotiven durch die Anordnung der Bremsgestänge und die hohen Dachaufbauten leicht von den AEG Maschinen unterscheiden; die Hauptmaße der beiden Fahrzeuggruppen stimmten jedoch überein.

BR 119 002 fährt mit Schnellzug D 585 München–Nürnberg in Augsburg ein. Die DB übernahm alle vier E 19 nach Kriegsende. Die Höchstgeschwindigkeit wurde auf 140 km/h herabgesetzt; wie schon bei den E 18 entfernte man auch hier die vorderen Umlaufschürzen und führte die Lokomotiven dem normalen Schnellzugdienst zu. Alle vier Maschinen sind im Bw Nürnberg Hbf stationiert.

1' C 1' Personenzuglokomotive BR 132 (E 32). Bereits in den Jahren 1924 bis 1926 wurden die ersten, von BBC und Maffei gebauten Lokomotiven in Dienst gestellt. Eine zweite Serie, bei der die Höchstgeschwindigkeit von bisher 75 auf 90 km/h erhöht werden konnte, folgte einige Jahre später. Die Deutsche Bundesbahn übernahm 33 Lokomotiven und setzte sie vorwiegend im oberbayerischen Raum ein, einige kamen zum Bw Freiburg (Breisgau). Zu Jahresanfang 1972 gehörten offiziell noch 8 Fahrzeuge zum Bestand der DB, sie waren jedoch kaum mehr vor Zügen eingesetzt und leisteten im Bw München Hbf nur noch untergeordnete Hilfsdienste. Die letzte Lokomotive mit der Nummer 132 027 wurde im Juli 1972 z-gestellt.

Bo' Bo' Güterzuglokomotive BR 139 (E 40[11]). Parallel zur Schnellzuglokomotive BR 110[1] wurde auch eine Güterzuglokomotive BR 140 entwickelt, die mit ihr im technischen Aufbau fast übereinstimmte. Durch eine geänderte Getriebeübersetzung war jedoch die Höchstgeschwindigkeit auf 110 km/h begrenzt. Als Variante der BR 140 erhielten einige Fahrzeuge eine Fahrleitungsunabhängige Gleichstromwiderstandsbremse, die sie besonders zum Einsatz auf steigungs- bzw. gefällreichen Strecken befähigten. Nach dem neuen Nummernplan werden diese Lokomotiven mit BR 139 bezeichnet.

Eilzug E 1985 mit BR 139 135 hat, von Freiburg kommend, den Ravennatunnel passiert und eilt weiter in Richtung Hinterzarten. Die meisten Eilzüge auf der steigungsreichen Höllentalstrecke werden mit Lokomotiven der BR 139 befördert, die zwar im Bw Offenburg beheimatet, jedoch nach Freiburg (Breisgau) ausgeliehen sind.

67

BR 139 313 mit schwerem Güterzug aus Siegen auf der Fahrt nach Frankfurt. Während die ersten 11 Lokomotiven (139 131–137, 163–166) noch tachogesteuerte Widerstandsbremsen eingebaut hatten, wurden die der weiteren Serien (139 309–316, 552–563) mit einer Thyristorsteuerung ausgerüstet, wobei die gleichen Bremswiderstände wie bei der BR 103 Verwendung fanden. Insgesamt verfügt die DB über 31 Fahrzeuge dieser Baureihe.

Bo' Bo' Güterzuglokomotive BR 140 (E 40). Im Rahmen des Neubauprogramms entwickelten die Firmen KM und SSW in Zusammenarbeit mit dem BZA München diese Lokomotive. Sie war zur Beförderung schwerer Güterzüge auf Hauptbahnen im Flachland bestimmt, konnte jedoch aufgrund ihrer Höchstgeschwindigkeit von 110 km/h auch im Reisezugdienst (Eil- und Personenzüge) eingesetzt werden. Wie schon rein äußerlich erkennbar, wurde diese Baureihe zusammen mit der BR 110[1] entwickelt und besitzt fast den gleichen technischen Aufbau. Die geringere Höchstgeschwindigkeit erforderte jedoch nicht den serienmäßigen Einbau einer elektrischen Bremse, die nur einer kleinen Anzahl von 31 Lokomotiven vorbehalten wurde. Die für Bergstrecken vorgesehenen Maschinen sind als Baureihe 139 bezeichnet worden.

68

BR 140 749 mit einem schweren Güterzug in der Nähe von Heidelberg. Die Lokomotiven BR 140 stellen den am meisten verbreiteten Neubautyp der DB dar und sind auf allen Hauptstrecken anzutreffen. Je nach Einsatzort sind Tagesleistungen von 800 km und mehr keine Seltenheit. Auf der Ebene kann die BR 140 Güterzüge von 2010 t Masse mit 90 km/h befördern, bei einer Steigung von 10‰ sind es immerhin noch 1170 t bei 50 kmm/h. Vergleichsweise vermag die stärkste dampfbetriebene Güterzuglokomotive der DB, die Baureihe 44, die gleiche Masse in der Ebene nur mit 60 km/h zu ziehen, bei 10‰ Steigung und 1150 t Zuggewicht würden nur noch 30 km/h möglich sein.

Die Güterzuglokomotive 140 833 war die 2000. Nachkriegslokomotive, die nach dem Neubauprogramm von der DB in Dienst gestellt wurde. Ihre Übergabe erfolgte im AW Freimann am 9. August 1972. Damit verfügte die DB zu diesem Zeitpunkt über 833 Fahrzeuge dieser Baureihe. Weitere 15 Lokomotiven befinden sich noch im Bau und sind zur baldigen Auslieferung vorgesehen, sodaß sich der endgültige Bestand auf 848 Fahrzeuge belaufen wird.

Bo' Bo' Personenzuglokomotive BR 141 (E 41). Für den leichten Schnell-, Eil-, Personen- und Güterzugdienst wurde die Baureihe 141 bei der DB 1956 eingeführt. Sie ist eine Gemeinschaftskonstruktion des BZA München und der Firmen Henschel und BBC. Wie bei allen Neubaulokomotiven ist der Brückenrahmen eine Schweißkonstruktion aus Längs- und Querblechen. Der Kastenaufbau ist aus Abkantprofilen hergestellt und mit dem Brückenrahmen verschweißt. Die Drehgestellrahmen sind wiederum aus kastenförmig zusammengeschweißten Blechen erstellt und bestehen jeweils aus zwei Längs- und drei Querträgern. Die Kraftübertragung übernimmt ein SSW-Gummiringfederantrieb mit einseitigem Stirnradgetriebe.

BR 141 028 mit einem Personenzug auf der Fahrt nach Garmisch-Partenkirchen. Um die Lokomotiven der Baureihen auch im Nahverkehr günstig einsetzen zu können, wurden alle Fahrzeuge serienmäßig mit einer Wendezugsteuerung ausgerüstet. Gemeinsam mit den Nahverkehrsgarnituren mit Steuerwagen, volkstümlich Silberlinge genannt, gehören die Lokomotiven 141 zu dem gewohnten Bild des Nahschnellzugverkehrs. Mit der Indienststellung der Lokomotive 141 451 im Februar 1971 fand die Lieferung dieser Baureihe ihren Abschluß. Die letzte Lokomotive wurde versuchsweise mit einer elektrischen Netzbremse versehen (Nb).

Bo' Bo' Personenzuglokomotive BR 144 (E 44). Zu Beginn der dreißiger Jahre entwickelten die Firmen BEW, MSW und SSW jeweils eine Versuchslokomotive, bei der neue Wege beschritten und moderne Techniken angewendet wurden. Siemens erstellte eine Versuchslokomotive E 44, die später mit einigen Verbesserungen als Serienlokomotive gebaut wurde. Im wesentlichen bestand dieses Fahrzeug aus einem vollständig geschweißten Brückenrahmen, teilweise geschweißtem Kastenaufbau und zwei laufachslosen Drehgestellen, die jeweils zwei Tatzlagermotoren enthielten und mit einer kräftigen Mittelkupplung verbunden waren. Mit ihrer Höchstgeschwindigkeit von 90 km/h konnte die BR 44 sowohl vor Eil- und Personen- als auch Güterzügen eingesetzt werden.

71

BR 144 087 vor dem Personenzug 2788 zwischen Mittenwald und Garmisch-Partenkirchen, im Hintergrund das herrliche Karwendelgebirge. – Am Serienbau dieser gelungenen Lokomotive beteiligten sich neben der Firma Siemens, von der für alle Fahrzeuge der elektrische Teil geliefert wurde, auch die Firmen HW, KM und Lofag. Von den 178 Lokomotiven der Reichsbahn gelangten 114 nach dem Kriege zur DB. Zwischen den Jahren 1946 und 1955 bauten Henschel und Siemens nochmals 9 Fahrzeuge nach. Zwei der auf der Höllentalstrecke mit 20 kV 50 Hz eingesetzten vier Versuchslokomotiven wurden nach der Streckenumstellung auf $16^{2}/_{3}$ Hz 15 kV umgebaut und unter den Nummern E 44 188–189 der Serienbaureihe zugeordnet. Einige Lokomotiven wurden mit Wendezugsteuerung ausgerüstet und sind nun im Vorortverkehr von München eingesetzt.

Bo' Bo' Personenzuglokomotive BR 144[5] (E 44 502–505). Der Versuchslokomotive E 44 101 (später E 44 501) vom Jahre 1931 folgte zwei Jahre später eine kleine Serie von 4 Fahrzeugen. BMAG lieferte den mechanischen Teil, während die elektrische Ausrüstung von AEG kam. Wie bei den anderen Lokomotiven der Baureihe 44 wurden beim Bau dieser Fahrzeuge moderne Techniken berücksichtigt. Rahmen, Aufbau und Drehgestelle hatte man größtenteils geschweißt; charakteristisch für diese Lokomotiven waren die Stirnseiten ohne Vorbau.

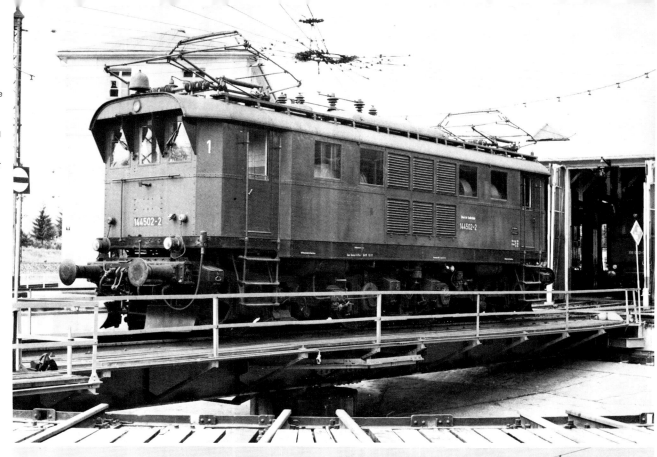

Güterzug Traunstein-Rosenheim, es führt BR 144 503. Alle Fahrzeuge der Baureihe E 44 502–505 wurden in Freilassing stationiert und sowohl im Reisezug- als auch im Güterzugdienst verwendet. Selbst heute (1972), nach fast 4 Jahrzehnten, verrichten sie noch immer anstandslos ihren Dienst und werden auch vom Personal recht gerne gefahren.

Bo' Bo' Personenzuglokomotive BR 144[5] (E 44 506–507, 508–509). In den Jahren 1934 und 1935 wurden weitere 4 Lokomotiven der Baureihe 44[5] in Dienst gestellt. Elektrischer und mechanischer Teil wurde von AEG geliefert. Von den vier zuerst gebauten Serienlokomotiven unterschieden sich diese Fahrzeuge in wesentlichen Punkten. Zur Unterbringung der neuen Motoren mußten Drehgestelle und Rahmen vergrößert werden, die Gesamtlänge der Fahrzeuge wuchs um 780 mm. Um das Fahrzeuggesamtgewicht in den notwendigen Grenzen halten zu können, behalf man sich mit Aussparungen am Brückenrahmen und leichterer Ausführung der Drehgestelle.

73

BR 144 508 in Doppeltraktion mit 144 505 vor dem Eilzug E 2061 auf der Fahrt nach Berchtesgaden bei Gmundbrück. Während die Fahrzeuge E 44 506–507 noch mit 80 km/h geliefert worden waren, änderte man bei den zwei letzten Lokomotiven E 44 508–509 die Getriebeübersetzung, sodaß sich die Höchstgeschwindigkeit auf 90 km/h steigern ließ.

Bo' Bo' Personenzuglokomotive BR 145 (E 44[11]). Für den Einsatz auf Bergstrecken rüstete man eine Reihe von Fahrzeugen der Baureihe 44 mit Wechselstromwiderstandsbremsen aus. Die mit den Lokomotiven 144 126 .... 187 fast identischen Maschinen wurden zuerst mit E 44[11] bezeichnet, erhielten jedoch im neuen Nummernplan die Bezeichnung BR 145.

Personenzug mit BR 145 181 auf der Talfahrt in Richtung Hirschsprung. Im Sommer 1972 waren alle 16 BR 145 im Bw Freiburg beheimatet und versahen u. a. auf der Höllentalbahn den Personenzugdienst. Diese kurvenreiche Strecke weist Steigungen von über 50‰ auf und stellt an die Bremsen der Triebfahrzeuge bei Talfahrten große Anforderungen.

Co' Co' Güterzuglokomotive BR 150 (E 50). Als vierte Neubaureihe der DB war die BR 150 für die Beförderung schwerer Güterzüge auf Hauptbahnen bestimmt. Sie entstand in Zusammenarbeit des BZA München mit den Firmen Krupp und AEG. Rahmen, Kastenaufbau und Drehgestelle wurden nach den Richtlinien für Neubaulokomotiven erstellt. Bei den Fahrzeugen der ersten Serie (E 50 001–025) kamen Tatzlagermotoren zum Einsatz, die weiteren erhielten einen Gummiringfeder-Antrieb, Bauart Siemens, mit beidseitigem Stirnradgetriebe. Eine fremderregte Gleichstromwiderstandsbremse wurde serienmäßig vorgesehen. Die hohe Zugkraft einerseits und die elektrische Bremse andererseits befähigt die Baureihe besonders zum Einsatz vor schweren Güterzügen auf steigungs- bzw. gefällreichen Strecken.

75

BR 150 034 fährt mit einem Güterzug in Augsburg ein. Die sechs Fahrmotoren mit einer Nennleistung von insgesamt 4440 kW (UIC) verleihen dieser Lokomotive eine maximale Anfahrzugkraft von rund 45 Mp. Güterzüge von 1945 t Masse können selbst bei 5‰ Steigung noch mit einer Geschwindigkeit von 75 km/h befördert werden. – Im Sommer 1972 verfügte die DB über rund 165 dieser leistungsfähigen Lokomotiven, weitere 30 Fahrzeuge wurden für 1973 bestellt.

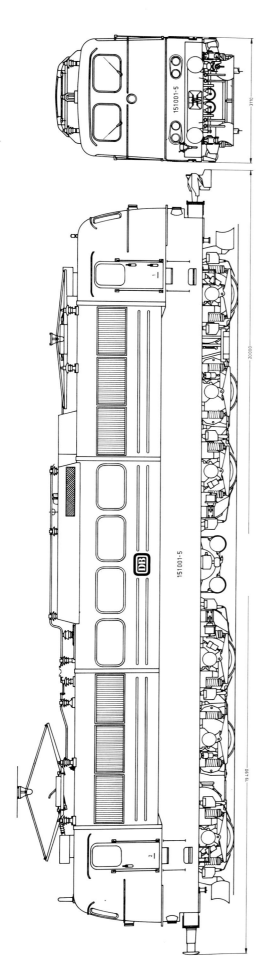
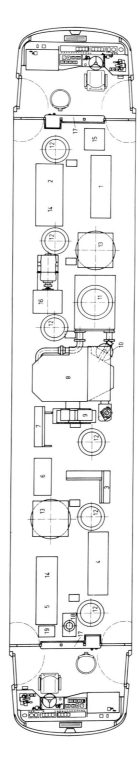

Co' Co' Güterzuglokomotive BR 151. Um auch den gestiegenen Anforderungen des modernen Güterzugverkehrs gerecht werden zu können, entwickelte das BZA München in Zusammenarbeit mit den Firmen Krupp und AEG die schwere Güterzuglokomotive BR 151. Die gestellten Forderungen, 120 km/h Höchstgeschwindigkeit und 6470 kW Dauerleistung, bedingten neue, besondere Konstruktions- und Fertigungsmaßnahmen, da das Dienstgewicht wie bei der BR 150 die Grenze von 126 Mp nicht überschreiten durfte. Andererseits sollten jedoch besonders im elektrischen Bereich Bauteile Verwendung finden, die sich bereits bei anderen Lokomotiven bewährt hatten. Der aus der elektrischen Leistungssteigerung resultierende Gewichtsanstieg konnte nur durch Einsparungen am mechanischen Teil kompensiert werden. Ähnlich der BR 103 sind die Drehgestelle in Leichtbauweise erstellt, besitzen jedoch noch Drehzapfen. Die Antriebsübertragung erfolgt über Gummiringfederantrieb. Der selbsttragende Brückenträger wird nur mit den Führerständen verschweißt, die drei dazwischen liegenden Stahlleichtbauhauben sind ähnlich den Neubaulokomotiven BR 103 abnehmbar. Von den bestellten 12 Lokomotiven sollte die erste im Oktober 1972, die restlichen ab Februar 1973 zur Auslieferung kommen. Weitere 63 Maschinen werden in den Jahren 1973/75 erwartet.

1 Gerüst: Hauptstrom Motor 1–3
2 Gerüst: Hilfsbetriebe
3 Gerüst: Schalttafeln, Relais
4 Gerüst: Hauptstrom Motor 4–6
5 Gerüst: Elektr. Bremse, Zugheizung
6 Gerüst: Druckluftgeräte
7 Gerüst: Indusi und Sifa
8 Haupttransformator
9 Schaltwerk mit Antrieb
10 Ölpumpe
11 Ölkühler mit Lüfter
12 Fahrmotorlüfter
13 Bremswiderstand mit Lüfter
14 Erregergleichrichter
15 Schrank für Bremsregelung
16 Hauptluftpresser
17 Lichtschalttafel
18 LZB-Schrank
19 Kommutatorklappe

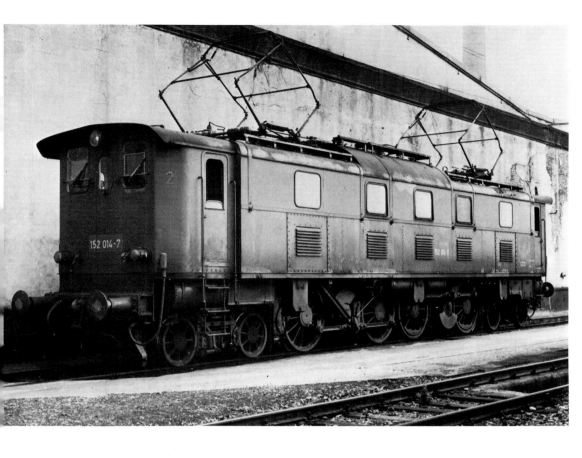

2' B B 2' Personenzuglokomotive BR 152 (E 52). In den Jahren 1925 bis 1926 erhielt die ehemalige Deutsche Reichsbahn eine Serie schwerer Personenzuglokomotiven, die noch unter der Bayerischen Länderbahnbezeichnung EP 5 21501–535 eingeführt wurden. An den für bayerische Lokomotiven typischen Stirnwandtüren waren sie schon als solche zu erkennen; sie wurden auf den südbayerischen Gebirgsstrecken im schweren Personenzugdienst eingesetzt. Der mechanische Teil wurde von KM, der elektrische von Wasseg geliefert. Zwei jeweils über den beiden Treibradgruppen angeordnete Doppelmotoren treiben über Stirnräder eine Vorgelegewelle an, die das Drehmoment über einen Parallelkurbeltrieb, eine Blindwelle und Kuppelstangen auf die paarweise angeordneten Treibachsen abgibt.

77

BR 152 014 vor dem Hilfszug im Bw Kaiserslautern. – Zur DB gelangten noch 29 Lokomotiven. Als längste deutsche Einrahmenlokomotiven besaßen sie das beachtliche Eigengewicht von 140 Mp, nur die Anordnung von Drehgestellen an jedem Fahrzeugende ermöglichte es, die maximale Achslast unter 20 Mp zu halten. Die letzte Lokomotive BR 152 war in Kaiserslautern bis Mitte 1972 in Betrieb und versah u. a. Schiebedienste auf der Strecke Neustadt–Kaiserslautern. Ein im Juli 1972 aufgetretener Schaden an einem der oberen Treibstangenlager, der nur mit erheblichem und nicht vertretbaren Kostenaufwand hätte behoben werden können, bedingte die Ausmusterung auch der letzten im Zugförderungsdienst befindlichen Lokomotive.

1' C Rangierlokomotive BR 160 (E 60). Die fortschreitende Elektrifizierung der bayerischen Strecken veranlaßte die ehemalige Deutsche Reichsbahn auch zur Bestellung von Elektrolokomotiven für den schweren Rangierdienst. In Anpassung an die bereits vorhandenen Lokomotiven der Baureihe 91 wurde sowohl der gleiche Motor (ELM 3/3) als auch die gleiche Antriebsanordnung dem Bau dieser Fahrzeuge zugrundegelegt. Die zwölf ersten Lokomotiven lieferte AEG alleine; für die zwei letzten Fahrzeuge aus dem Jahre 1932 baute Siemens die elektrische Ausrüstung, der mechanische Teil kam jedoch wiederum von AEG. – Am Anfang des Jahres 1972 standen noch alle 14 Lokomotiven im Dienste der DB.

C – Rangierlokomotive BR 163 (E 63).
Ab 1935 beschaffte die Reichsbahn weitere elektrische Rangierlokomotiven. Da die bereits längere Zeit im Betrieb befindliche E 60 zu schwer war und mit ihrer Laufachse auch nicht den neu gestellten Forderungen entsprach, lieferte AEG insgesamt 5 Lokomotiven in laufachsloser Ausführung, bei denen der nur gering abgeänderte Motor der E 18 zum Einbau kam. Der Antrieb erfolgte jedoch wieder in gleicher Weise als Schrägstangenantrieb der Bauart Winterthur. Alle 5 AEG Lokomotiven mit den Betriebsnummern 163 001–004 und 008 sind im Bw Stuttgart Hbf stationiert.

79

C – Rangierlokomotive BR 163 (E 63).
Parallel zu den AEG-Lokomotiven entstand bei KM (mechanischer Teil) und BBC (elektrischer Teil) eine weitere Rangierlokomotive, die sich im elektrischen Teil von der AEG-Ausführung unterschied, ihr jedoch in der Fahrzeugabmessung entsprach. Angetrieben wurden die drei Lokomotiven durch jeweils einen der auch bei der BR 16[1] verwendeten Motoren ELM 86/12. Durch ihre etwas hohen Aufbauten und fast glatten Seitenflächen wirkten die BBC Maschinen leicht unproportioniert. Sie haben jedoch die an sie gestellten Forderungen durchaus erfüllt und stehen noch heute im Bw Augsburg unter der Bezeichnung 163 005–007 im Rangier- und Verschiebedienst.

Bo Personenzuglokomotive BR 169 002 (E 69 02). Mit der Übernahme der bayerischen Lokalbahn AG (LAG) durch die ehemalige Deutsche Reichsbahn gelangten auch eine Reihe interessanter Fahrzeuge in deren Besitz. Die DB übernahm alle auf der Strecke Murnau–Oberammergau eingesetzten Lokomotiven. Nach Umstellung des Streckennetzes auf die Regelart 16 $\tfrac{2}{3}$ Hz, 15 kV wurden vier dieser Maschinen 1955 entsprechend umgebaut und weiterhin eingesetzt. Diesem letzten Umbau waren schon frühere Änderungen vorausgegangen. Die im Jahre 1909 in Dienst gestellte Lokomotive 169 002 kam von den Firmen KM und BBC. Mit über 60 Dienstjahren ist sie die älteste Elektrolokomotive der DB.

80

BR 169 003 auf der Fahrt nach Oberammergau. Diese im Jahre 1912 gelieferte Lokomotive erfuhr ähnliche Umbauten wie die 169 002. Leistungsmäßig unterscheiden sich beide Maschinen nicht, nur die Anordnung der Aufbauten weicht geringfügig voneinander ab. Die Lokomotive 169 003 erhielt 1971/72 eine U 2 – Untersuchung im AW Freimann, die ihr erlaubt, weitere fünf Jahre auf ihrer Hausstrecke Murnau–Oberammergau zu bleiben.

Personenzug 3773 nach Oberammergau steht mit BR 169 004 abfahrbereit im Bahnhof Murnau. 1922 wurde diese Lokomotive geliefert und war zunächst für den Güterzugdienst der LAG vorgesehen. Der ursprüngliche Lokomotivkasten entstand aus einer Hälfte der Siemens-Versuchslokomotive von Marienfelde-Zosen und hatte ein kurioses Aussehen. Die heutige Form der Lokomotive entstand nach einem Umbau 1934 bei KM. Leistungsmäßig stimmt dieses Fahrzeug mit den zwei bereits gezeigten Lokomotiven überein, geringe Unterschiede bestehen in den Hauptmaßen.

81

Die letzte und auch stärkste Lokomotive erhielt die LAG für die Strecke Murnau–Oberammergau im Jahre 1930. Sie hatte die für eine Bo-Lokomotive beachtliche Dauerleistung von 565 kW (zum Vergleich: BR 163 005, Achsanordnung C, 650 kW) und war vornehmlich für schwere Züge vorgesehen. Neben der höheren Leistung wich sie auch im Aufbau sowie in den Hauptabmessungen von den anderen Lokomotiven ab. – Alle vier Fahrzeuge BR 169 sind im Bw Garmisch-Partenkirchen, Außenstelle Murnau, stationiert.

1' B B 1' Personenzuglokomotive BR 175 (E 75). Zum weiteren Ausbau des elektrischen Personen- und Güterzugdienstes lieferten die Firmen Maffei, LHB, BMAG (mechanischer Aufbau) und BMS – BEW (elektrische Ausrüstung) in den Jahren 1928 bis 1931 rund 30 dieser Einrahmenlokomotiven. In bekannter Weise übertrugen die zwei Fahrmotoren über Vorgelege, Blindwelle und Schrägstangen ihr Drehmoment auf die Antriebsräder. Von den nach dem Krieg der DB zugefallenen 22 Lokomotiven wurde die letzte (175 004) im Frühjahr 1972 ausgemustert, nachdem sie schon zuvor im Bw München-Ost nur noch untergeordnete Aufgaben zu leisten hatte.

Bo' Bo' Zweisystemlokomotive BR 181 (E 310). In Zusammenarbeit des BZA München mit den Firmen Krupp und AEG entstand 1968 die Zweisystemlokomotive 181. Sie war für den grenzüberschreitenden Schnellzugverkehr nach Frankreich vorgesehen und wurde somit für die Stromsysteme 16 $^2/_3$ Hz 15 kV (Deutschland) und 50 Hz 25 kV (Frankreich) ausgerüstet. Der Brückenrahmen ist eine alleintragende Schweißkonstruktion in Leichtbauweise, wie er bereits in der BR 184 Verwendung fand. Er wird von den zwei Führerständen begrenzt, die drei elastisch dazwischen gelagerten Einzelhauben sind verschraubt und abnehmbar. Die Leistungsübertragung erfolgt über einen Gummiring-Kardanantrieb. In den ersten zwei Lokomotiven ist eine fahrdrahtabhängige Widerstandsbremse eingebaut, die zwei weiteren Fahrzeuge (181 003–004) besitzen eine Netzbremse. Rund 25 weitere Fahrzeuge in etwas geänderter Ausführung werden 1974 mit den Nummern 181 201–225 nachgeliefert werden.

1 Stromabnehmer für DB
2 Stromabnehmer für SNCF
3 Hauptschalter
4 Haupttransformator
5 Fahrmotorgleichrichter
6 Fahrmotorlüfter
7 Motor für Fahrmotorlüfter
8 Bremswiderstand
9 Motor für Ölkühler- und Bremswiderstandslüfter
10 Luftpresser
11 Motor für Luftpresser
12 Fahrmotorglättungsdrossel
13 Gerüst für elektrische Geräte
14 Gerüst für Druckluftgeräte
15 Batterie
16 Heizschütz

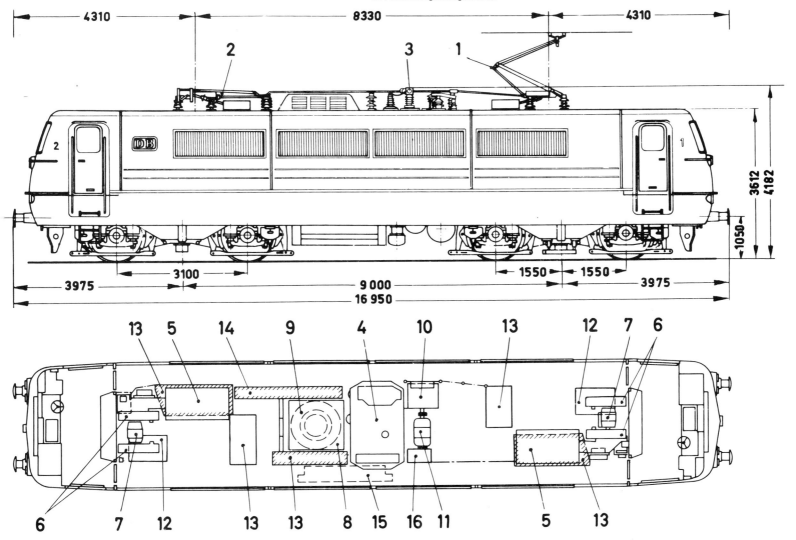

Bo' Bo' Mehrsystemlokomotive BR 182 001 (E 320 001). Die wirtschaftliche Verknüpfung mit dem westlichen Ausland erforderte auch im grenzüberschreitenden Zugverkehr bessere Möglichkeiten. Hierfür wurden vom BZA München und verschiedenen Unternehmen mehrere Lokomotiven entwickelt, die diesen Aufgaben gerecht werden sollten. Die von Krupp und AEG gebaute Mehrsystemlokomotive 182 001 gleicht im mechanischen Teil der Neubaureihe 110[1] bzw. 140, besitzt jedoch Tatzlagermotoren mit doppeltem Stirnradgetriebe. Die elektrische Ausrüstung erlaubt den Einsatz bei den unterschiedlichen Stromsystemen $16\frac{2}{3}$ Hz 15 kV und 50 Hz 25 kV. Getriebeübersetzung bzw. Höchstgeschwindigkeit wurden so ausgelegt, daß sowohl Reise- als auch Güterzüge befördert werden können.

84

Auch die Firmen Henschel und BBC beteiligten sich am Bau einer Mehrsystemlokomotive, die unter der Nummer 182 011 (E 320 011) 1960 in den Fahrzeugbestand der DB eingereiht worden war. Äußerlich sind alle Lokomotiven BR 182 identisch; in der elektrischen Ausrüstung unterscheiden sie sich jedoch wesentlich, lediglich eine elektrische Widerstandsbremse ist allen drei Maschinen eingebaut.

BR 182 021 verläßt mit E 1560 Neustadt (Weinstr.) n Richtung Kaiserslautern. Sie wurde von KM zusammen mit SSW entwickelt und stimmt im mechanischen Teil mit den zwei anderen Lokomotiven BR 182 weitgehend überein. – Der Haupttransformator besitzt vier Sekundärwicklungen, vor denen jede jeweils einen der vier Fahrmotorstromkreise speist. Über Silizium-Gleichrichter und Trennschütz wird dem Fahrmotor Gleichstrom zugeführt. Erwähnenswert sind auch die zwei unterschiedlichen Stromabnehmer, die in ihrer Gesamtbreite den deutschen bzw. französischen Verhältnissen angepaßt sind. Alle Fahrzeuge der Baureihe 181 und 182 waren 1972 im Bw Saarbrücken Hbf beheimatet.

85

Bo' Bo' Viersystemlokomotive BR 184 (E 410). Die vier unterschiedlichen Stromsysteme im nördlichen Westeuropa (Frankreich 50 Hz, 25 kV, Belgien = 3 kV und Niederlande = 1,5 kV) veranlaßten die DB Anfang der sechziger Jahre, eine Lokomotive für alle vier Stromarten zu konzipieren. Die Fahrzeuge sollten der schnellen Verbindung mit den Großstädten der westlichen Nachbarn dienen und den Zugverkehr sowohl attraktiver als auch bahntechnisch einfacher gestalten. Das BZA München entwickelte in Zusammenarbeit mit Krupp, AEG und BBC insgesamt 5 Lokomotiven. Der mechanische Teil entspricht der bereits bei BR 181 beschriebenen, modernen Leichtbauweise und ist bei allen Lokomotiven identisch. Die Fahrzeuge 184 001–003 erhielten jedoch ihre elektrische Ausrüstung von AEG, die der Nummern 184 011–012 wurden von BBC beliefert.

86

BR 184 002 vor dem Personenzug N 2866 auf der Fahrt nach Aachen. Entsprechend ihrer Aufgabe wurden alle 5 Lokomotiven der Baureihe 184 im Bw Deutzerfeld beheimatet, um von Köln aus die Städte der westlichen Nachbarn anzulaufen. Im Einsatz konnten die Lokomotiven nicht voll befriedigen. Die hohe Schadensanfälligkeit der elektronischen Steuerung (Thyristoren) sowie kleinere Mängel im mechanischen Fahrzeugbereich reduzierten immer wieder die Betriebsbereitschaft dieser Lokomotiven, so daß sie, ganz im Gegensatz zu ihrem geplanten Einsatzprogramm, oft nur noch vor untergeordneten Zügen im Raume Köln vorzufinden waren. In Zusammenarbeit mit den Herstellern wurden vom BZA München verschiedene Maßnahmen eingeleitet, die zur Betriebsertüchtigung der Lokomotiven beitragen sollen. In die BBC-Lokomotiven wird eine völlig neu entwickelte Steuerung zum Einbau kommen, deren Ausführung erst durch den inzwischen erreichten hohen Stand der Halbleitertechnik zu realisieren war. Auch die AEG-Fahrzeuge werden bestimmte Verbesserungen erhalten, die – wie auch bei den BBC-Lokomotiven – vor allem die bisherigen Ausfälle durch zu hohe Spannungsspitzen im belgischen Netz zukünftig verhindern sollen.

C' C' Güterzuglokomotive BR 191 (E 91). Zur Beförderung schwerer Güterzüge erhielt die ehemalige Deutsche Reichsbahn ab dem Jahre 1925 rund 34 Lokomotiven der Baureihe E 91, die sowohl auf bayerischen Gebirgs- als auch auf preußischen Bergstrecken eingesetzt wurden. Bestehend aus zwei Antriebsgruppen und einem Verbindungsglied, das zwischen diesen auf Kugelzapfen gelagert war, wurde die Lokomotive von zwei Doppelmotoren genau wie die BR 160 angetrieben. Von den 17 Lokomotiven, die nach Kriegsende der DB verblieben waren, fuhren im Sommer 1972 nur noch zwei Maschinen mit den Nummern 191 002 und 011. Sie waren im Bw München-Ost beheimatet und fast nur noch im Verschiebedienst eingesetzt.

87

Den Lokomotiven E 91 folgte 1929 eine weitere Serie von 12 Fahrzeugen mit der Bezeichnung E 91[9]. Obwohl diese Maschinen im Prinzip mit den zuvor gebauten Lokomotiven übereinstimmten, änderten sich wegen des Einbaues einer elektrischen Widerstandsbremse einige Hauptmaße und Gewichte. Für die Herstellung der Lokomotiven zeichneten AEG und Wasseg, beim Bau der E 91 hatte sich noch KM beteiligt. – Von den sechs Maschinen, die nach dem Krieg von der DB übernommen wurden, befanden sich im Sommer 1972 noch 3 Lokomotiven im Dienste der DB (191 099, 100, 101). Zusammen mit den Lokomotiven der BR 191 versahen sie vom Bw München-Ost aus noch Rangier- und Zubringerdienste.

Co' Co' Güterzuglokomotive BR 193 (E 93). Die fortschreitende Elektrifizierung in Württemberg diente neben dem verbesserten Reisezugverkehr auch dem wachsenden Güterverkehr. Es galt eine Baureihe zu schaffen, die auch schwere Güterzüge auf den vorhandenen Steilstrecken befördern konnten. – AEG lieferte 1933 die ersten zwei Lokomotiven. Anstelle der bisher verwendeten Treibstangen besaßen diese Maschinen für jene Zeit moderne, dreiachsige Drehgestelle mit Tatzlagerantrieb. Wie schon bei der BR 44 erprobt, hatten sie einen geschweißten Brückenrahmen, der sich über jeweils einem kugelförmigen Zapfen und zwei an den Außenseiten befindlichen Gleitstücken auf den Drehgestellen abstützte. Letztere waren untereinander mit einer kräftigen Kupplung verbunden, welche die Zug- und Schubkräfte übernahm. Die beiden Vorbauten waren mit den Drehgestellen verschraubt.

88

BR 193 007 fährt mit einem Güterzug in Richtung Tamm. Den zwei Lokomotiven von 1933 folgten bis 1939 sechzehn weitere, die sich, von einigen elektrischen Bauteilen abgesehen, nicht von den ersten Lokomotiven unterschieden. Die DB übernahm alle 18 Maschinen; noch im Sommer 1972 waren sie in Kornwestheim beheimatet. Der Einbau der automatischen Kupplung ist bei diesen Lokomotiven jedoch nicht mehr geplant.

Co' Co' Güterzuglokomotive BR 194 (E 94). Kurz nach Kriegsbeginn, der zwangsläufig einen starken Anstieg des Güterverkehrs mit sich brachte, kamen die ersten Lokomotiven der Baureihe E 94 zur Auslieferung. AEG hatte sie aus der E 93 weiterentwickelt, mit der eine große Ähnlichkeit vorhanden war. Neben der Entwicklungsfirma beteiligten sich auch KM und SSW am Bau weiterer Lokomotiven. Von den bis Kriegsende fertiggestellten 148 Maschinen übernahm die DB 72 Stück. Später wurden noch 9 weitere Fahrzeuge in Dienst gestellt, mit deren Bau noch im Kriege begonnen worden war. Dazu gesellten sich weitere 43 Lokomotiven, welche die deutsche Industrie im Auftrag der DB von 1954 bis 1956 nachgebaut hatte.

89

Güterzug auf der Strecke München–Rosenheim, es führt BR 194 158. Die Lokomotiven der Baureihe 194, die sich trotz der verschiedenen Beschaffungszeiträume nur unwesentlich voneinander unterscheiden, lassen sich in zwei Leistungsgruppen einteilen: Fahrzeuge mit 3090 kW und 4440 kW Nennleistung. Nach einer Verfügung der DB-Hauptverwaltung wurden ab Dezember 1970 alle Lokomotiven der stärkeren Version umgenummert und ihre zulässige Höchstgeschwindigkeit auf 100 km/h heraufgesetzt. Im einzelnen waren dies: 194 141–142 in 194 541–542, 149 262–285 in 194 562–585 und 194 270–271 in 194 570–571. – Auch im Sommer 1972 befanden sich noch alle 124 Lokomotiven der Baureihe 194 bei der DB.

Die Diesellokomotiven

(1.) EINTEILUNG UND BEZEICHNUNG

Die ehemalige Deutsche Reichsbahn verfügte nur über wenige Großdiesellokomotiven und besaß für diese auch kein einheitliches Baureihenschema. Allgemein begann die Bezeichnung der Baureihe mit einem V und einer Zahl, die sich von der Motorleistung ableitete.

BEISPIEL:

V 140 001

V   = Kennbuchstabe für Brennkraftlokomotive
140 = Stammnummer (von 1400 PS Motorleistung)
001 = Ordnungsnummer (Fahrzeug Nr. 1)

Die Deutsche Bundesbahn übernahm zunächst diese Bezeichnungsweise bis zur Einführung des neuen Nummernplanes am 1. Januar 1968. Die Kennzahl 2 löste den Kennbuchstaben V ab. Man war allerdings schon vor dieser Umstellung davon abgegangen, die Stammnummer direkt von der Motorleistung abzuleiten. Eine Gegenüberstellung beider Bezeichnungsarten zeigt die bestehenden Unterschiede:

gültige Bezeichnung	alte Bezeichnung
210	–
211	V 100
212	V 100.20
213	V 100.23
215	V 163
216	V 160
217	V 162
218	V 164
219	V 169
220	V 200
221	V 200.1

gültige Bezeichnung	alte Bezeichnung
230	V 300
232	V 320
236	V 36
245	V 45
260	V 60
261	V 60.1
265	V 65
270	V 20
280	V 80
288	V 188
290	V 90
291	–

Ein wesentliches Kennzeichen einer Brennkraftlokomotive ist der eingebaute Dieselmotor. Nach Zusammenschluß der Firmen M.A.N., Maybach und Mercedes-Benz zur Motoren- und Turbinenunion (MTU) werden für die Motoren einheitliche Bezeichnungen verwendet:

MB 12 V 493 AZ 1 0
MB 12 V 493 TZ 1 0
MB 12 V 652 TA 1 0
MB 16 V 652 TB 1 0
MD 12 V 538 TA 1 0
MD 12 V 538 TB 1 0
MD 16 V 538 TB 1 0
MC 12 V 956 TB 1 0

Von links nach rechts bedeuten:
MB, MD, MC   die Bauart
12 und 16   die Zylinderanzahl
V   V-Reihenmotor

493, 652, 538, 956	den 100-fachen Hubraum eines Zylinders
A	selbstsaugend
T	Abgasaufladung
A	ohne Ladeluft-, aber mit Kolbenölkühlung
B	Wasser-Ladeluftkühlung, extern, mit Kolbenölkühlung
Z	ohne Ladeluft- und Kolbenölkühlung
1	Schienenfahrzeuge
0	Konstruktionsstand am 1. 1. 1969

(2.) AUFBAU EINER BRENNKRAFTLOKOMOTIVE

Die neuentwickelten Lokomotiven der Deutschen Bundesbahn sind, bis auf wenige Ausnahmen bei den Rangierfahrzeugen, in moderner Drehgestellbauweise ausgeführt. Die Leistungsübertragung erfolgt über Flüssigkeitsgetriebe und Gelenkwellen auf die Radsätze. Die Motoren sind durchweg schnelllaufende Dieselmotoren in V-Anordnung, deren Betriebsdrehzahl bei 1450 U/min liegt. Die Standardbauweise der Streckenlokomotiven sieht einen Motor, ein Getriebe und einen vierfach durchgekuppel-

Aufbau einer modernen Brennkraftlokomotive (BR 219)

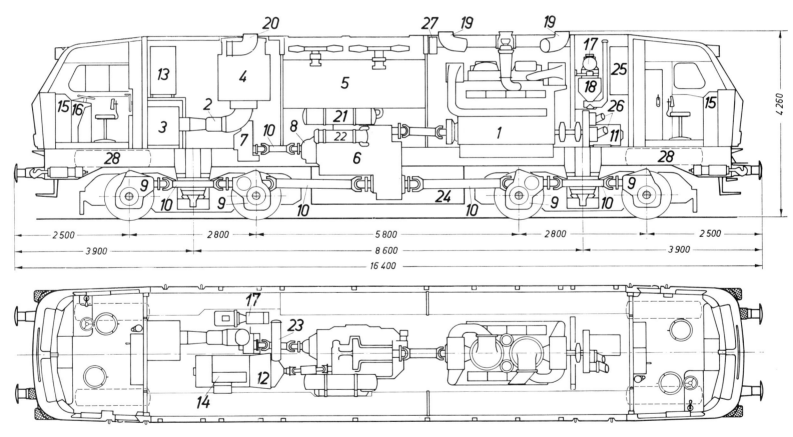

1 Dieselmotor
2 Gasturbine
3 Luftansaugfilter für Gasturbine
4 Abgasschalldämpfer für Gasturbine
5 Kühlergruppe
6 Flüssigkeitsgetriebe
7 Gasturbinen-Untersetzungsgetriebe
8 Einspeiswandler
9 Radsatzgetriebe
10 Gelenkwelle
11 Lichtanlaßmaschine
12 Heizgenerator
13 Schaltschrank für Heizungselektrik
14 Turbinen-Steuerschrank
15 Apparateschrank
16 Führerstandspult
17 Luftpresser
18 Vorwärmgeräte
19 Motorraum-Entlüftung
20 Gasturbinenraum-Entlüftung
21 Wärmetauscher zu lfd. Nr. 6
22 Wärmetauscher zu lfd. Nr. 8
23 Wärmetauscher zu lfd. Nr. 7
24 Kraftstoff-Hauptbehälter
25 Kraftstoff-Betriebsbehälter
26 Lüfterpumpen
27 Kühlwasser-Ausgleich-Behälter
28 Hauptluft-Behälter

ten Gelenkwellenstrang vor. Lokomotiven der fünziger Jahre erhielten noch zwei Motoren (Baureihe 220), da zu jener Zeit die Leistungsgröße einer Maschinenanlage alleine für Großdiesellokomotiven noch nicht ausreiche. Die zusätzlich benötigte Motorleistung für die elektrische Zugheizung brachte eine weitere Leistungserhöhung der Motoren. Zur Bewältigung kurzzeitiger Spitzenlasten bei Beschleunigungsphasen und Steigungen erfolgte bei der Baureihe 210 der Einbau eines zusätzlichen Hilfsantriebs in Form einer Zweiwellengasturbine. Den Aufbau einer modernen Brennkraftlokomotive zeigt die Darstellung auf Seite 91.

Alle Diesellokomotiven der neuen Standardbauweise besitzen ein Stufengetriebe (Langsam- und Schnellgang), welches sie in gleich guter Weise zum Einsatz vor Reise- und Güterzügen geeignet macht. Die Leistungsfähigkeit z. B. der Baureihe 219 zeigt dieses Zugkraft-/Geschwindigkeitsdiagramm:

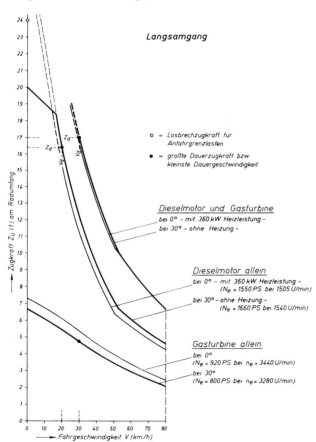
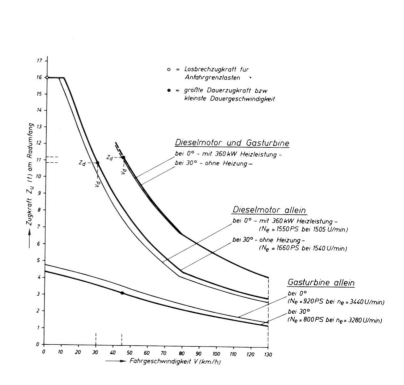

Z/V-Diagramm einer Diesellok BR 219 mit 2150 PS-Dieselmotor und einer Gasturbine mit 900 PS sowie einem vom Dieselmotor angetriebenen Generator mit 360 kW für die elektrische Zugheizung.

Die Leistungsübertragung erfolgt über ein Flüssigkeitsgetriebe mit zwei Wandler-Eintrieben, das maximal auf der Dieselmotorseite 1535 PS und auf der Turbinenseite 905 PS Leistungsaufnahme besitzt.

Co' Co' Dieselelektrische Lokomotive DE 2500. Zwei Jahrzehnte nach dem Kriege hatte die Entwicklung von Diesellokomotiven mit hydraulischer Leistungsübertragung in Deutschland einen Stand erreicht, der verglichen mit anderen Systemen, in Bezug auf Fahrzeuggewicht und übertragbare Leistung konkurrenzlos war. Trotzdem konnte diese Bauweise – mit einigen wenigen Ausnahmen – bei anderen Bahnverwaltungen nicht richtig Fuß fassen, sie blieb unter einem Weltanteil von 20%. Einer der Gründe war die Wartung der Fahrzeuge, die im Gegensatz zu dieselelektrischen Lokomotiven, an das Personal hohe Ansprüche stellt. – Um die genannten Vorzüge der dieselhydraulischen mit jenen der dieselelektrischen Lokomotiven – einfacher Aufbau und geringe Wartung – zu verbinden, begannen die Firmen Henschel (mechanischer Aufbau) und BBC (elektrische Ausrüstung) bereits 1965 mit der Konzeption einer vollkommen neuen Lokomotivtechnik. Das Resultat dieser Arbeiten war ein Fahrzeug mit elektrischer Leistungsübertragung, welches mit seinen schleifringlosen Asynchronmotoren und der erst durch moderne Halbleitertechnik ermöglichten Leistungselektronik einen neuen Meilenstein in der Lokomotivtechnik setzen könnte.

DE 2500 auf der Fahrt mit einem Güterzug nach Heilbronn. Für die Versuchsfahrten erhielt diese Lokomotive von der Bundesbahn die Bezeichnung 202 002. Vom Bw Mannheim aus wird sie im Güterzugdienst auf der Neckartalstrecke eingesetzt. Bei gleicher Leistung (2500 PS) sind für dieses Fahrzeug wahlweise zwei- oder dreiachsige Drehgestelle vorgesehen; Ausführungen für 1000 mm Spurbreite und Achslasten unter 14 Mp erlauben den Einsatz auf fast allen Bahnen der Welt. – Zwar ist ein Ankauf dieser Fahrzeuge durch die DB nicht vorgesehen – die entsprechende Leistungsklasse wird bei ihr von der Baureihe 218 eingenommen – doch verfolgt sie mit großem Interesse die weitere Entwicklung, deren Bedeutung noch nicht abzusehen ist.

93

B' B' Diesellokomotive BR 210.
Sie entstand als Weiterentwicklung der Baureihe 216, wobei bezüglich des Gasturbinenantriebes auf Erfahrungen und Erkenntnisse mit der Diesellok 219 zurückgegriffen werden konnte. Im mechanischen Bereich entspricht sie großenteils der Baureihe 218, mit der sie auch in den Hauptabmessungen übereinstimmt. Die Anhebung der Höchstgeschwindigkeit auf 160 km/h bei ausreichender Zugkraft verlangte jedoch eine Leistungssteigerung, die durch den Einbau einer Gasturbine ohne Veränderung der zulässigen Achslast realisiert werden konnte. Der Dieselmotor treibt über ein hydrodynamisches Getriebe und Gelenkwellen alle vier Radsätze an. Die Leistung der Gasturbine wird durch einen eigenen Drehmomentwandler in den Sekundärteil des Flüssigkeitsgetriebes eingespeist. Ein Generator für die elektrische Zugheizung ist dem Getriebe nachgeschaltet. Motor und Gasturbine besitzen zusammen eine Höchstleistung von 3650 PS.

94

BR 210 008 mit TEE-Bavaria auf der Allgäustrecke bei Aitrang. Alle acht Lokomotiven kamen zum Bw Kempten und sind vornehmlich im Schnellzugdienst auf der Strecke München–Lindau eingesetzt. Durch ihre elektrische Zugheizungseinrichtung können sie ohne Umstände auch im Grenzübergabeverkehr schweizerische Garnituren übernehmen und haben damit die Schwierigkeiten, die zuvor beim Einsatz der BR 221 noch vorhanden waren, behoben. Die Fahrzeuge sind für den Parallelbetrieb (Doppeltraktion) eingerichtet.

B' B' Diesellokomotive BR 211 (V 100). Für den leichten Reise- und Güterzugdienst auf Haupt- und Nebenbahnen erhielt die DB 1961 bis 1963 366 Fahrzeuge dieser Baureihe, nachdem die sechs, von Atlas Mak entwickelten, Vorauslokomotiven sich in zweijähriger Erprobungszeit bewährt hatten. Der 1100 PS leistende Dieselmotor entsprach dem der Baureihe 220 und vereinfachte damit Wartung und Instandhaltung. Zur Zugheizung erhielten die Lokomotiven Dampfkessel des Typs Hagenuk (Lizenz Vapor-Heating); Einrichtungen für Wendezugbetrieb und Doppeltraktion ergänzten die Ausrüstung.

BR 211 119 mit dem Personenzug Weilheim–Augsburg bei Schondorf. Neben dem hydrodynamischen verfügen diese Lokomotiven noch über ein mechanisches Getriebe, dessen zwei Gänge wahlweise Höchstgeschwindigkeiten von 60 oder 100 km/h zulassen. Viele der alten Dampflokomotiven wurden gerade durch Maschinen dieser Baureihe verdrängt, sie sind oft im Wendezugbetrieb zu finden.

B' B' Diesellokomotive BR 212 (V 100.20). Nachdem 1962 stärkere Motoren zur Verfügung standen, entstand die Baureihe 212 mit 1350 PS Motorleistung. Bis auf die geringfügig geänderte Gesamtlänge stimmten die Fahrzeuge beider Baureihen miteinander überein, sie sind zusammen auf ungefähr 60 Bahnbetriebswerke verteilt.

96

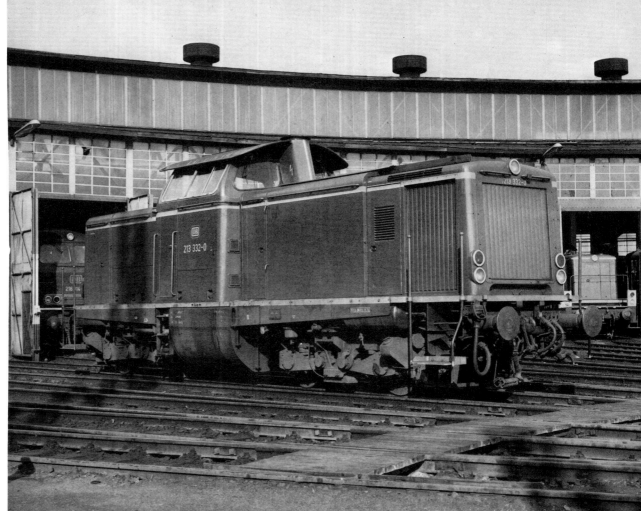

B' B' Diesellokomotive BR 213 (V 100.23). Ohne weitere bauliche Veränderungen rüstete man 10 Fahrzeuge mit hydrodynamischer Bremse und einem anderen Flüssigkeitsgetriebe aus. Sie erhielten die Baureihenbezeichnung 213 und waren speziell für Steilrampen vorgesehen. Die ersten Fahrzeuge wurden in Karlsruhe stationiert, um auf der steigungsreichen Strecke Rastatt–Freudenstadt (bis 50‰) erprobt werden zu können. – Heute sind alle zehn Lokomotiven in Gießen beheimatet.

B' B' Diesellokomotive BR 215 (V 163). Basierend auf den guten Erfahrungen mit der Baureihe 216, entwickelten das BZA München und die Firma Krupp eine sehr ähnliche Baureihe mit gesteigerter Höchstgeschwindigkeit. Die ersten vier Lokomotiven erhielten den, auch bei der 216 eingebauten, Dieselmotor mit 1900 PS Leistung und erreichten 130 km/h Höchstgeschwindigkeit. Die anschließend gelieferten Maschinen wurden wahlweise mit zwei gegenseitig austauschbaren Motoren von 2200 bzw. 2500 PS ausgerüstet, welche eine Höchstgeschwindigkeit von 140 km/h zuließen. Die Fahrzeuge sind mit Wendeeinrichtung versehen und können auch in Doppeltraktion mit Einmannbedienung eingesetzt werden. Für die Zugheizung ist ein vollautomatisch arbeitender Dampfkessel eingebaut, der auch der Warmhaltung der Lok im Winter dient. Die BR 215 ist 400 mm länger als die BR 216 und dadurch für einen späteren Tausch des Hagenuk-Dampfkessels gegen eine elektrische Zugheiz-Einrichtung geeignet.

97

Personenzug 3988 Mühldorf-Markt Schwaben bei Thann-Matzbach, es führt BR 215 117. Die DB beschaffte 150 dieser leistungsfähigen Fahrzeuge, die sowohl vor Reise- als auch vor Güterzügen eingesetzt werden. Sie sind alle mit Schleuder- und Überdrehzahlschutzeinrichtung ausgerüstet. Mit Ausnahme der vier Vorauslokomotiven verfügen sie zusätzlich über eine hydrodynamische Bremse.

B' B' Diesellokomotive BR 216 (V 160). In einem Zeitraum von rund acht Jahren erhielt die DB insgesamt 224 dieser bewährten Lokomotiven für den mittelschweren Reise- und Güterzugdienst auf Hauptbahnen. Die hier angewandten Bauprinzipien wurden auch für die späteren Neubaulokomotiven beibehalten. Der Fahrzeugkasten trägt die gesamte Maschinenanlage, die elektrische Ausrüstung und die Heizkesselanlage. Er ist als Schweißkonstruktion in Stahlleichtbauweise aus Blechen und Profilen hergestellt und in fünf Räume unterteilt. Abnehmbare Dachklappen über Fahrdieselmotor, Hilfsdieselmotor und Heizdampfkessel erlauben den Ausbau dieser Anlagen nach oben. Der Untergestellrahmen des Fahrzeugkastens stützt sich über je 4 Schraubenfedern auf die beiden Drehgestellrahmen ab. Zur Dämpfung der Federung sind zwei hydraulische Stoßdämpfer in jedem der Drehgestelle vorhanden. Letztere haben einen aus Stahlblechen zusammengeschweißten Kastenträger-Rahmen. Die in Längslenkern angeordneten Achsen sind mit Blattfedern abgefedert.

Eilzug E 1991 mit BR 216 012 auf dem Wege nach Garmisch-Patenkirchen. – Im Winterbetrieb werden die Reisezugwagen mit Dampf beheizt, der der automatisch arbeitenden Kesselanlage entnommen wird. Neben den üblichen Sicherheitseinrichtungen erhielten die Lokomotiven ab 216 061 serienmäßig eine Schleuder- und Überdrehzahlschutzeinrichtung, die zuvor in den Maschinen 216 026–035 erprobt worden war. Ein Großteil der Lokomotiven erhielt eine Vielfachsteuerung für Doppeltraktion und Wendezugbetrieb.

BR 216 069 hat zusammen mit einer Dampflokomotive BR 044 den Kaiser-Wilhelmtunnel verlassen und fährt weiter in Richtung Eller. Durch den Langsamgang, der die Höchstgeschwindigkeit von 120 km/h auf 80 km/h reduziert, die zugehörige Zugkraft jedoch von 3,2 auf 4,8 Mp anwachsen läßt, können auch mittelschwere Güterzüge befördert werden.

99

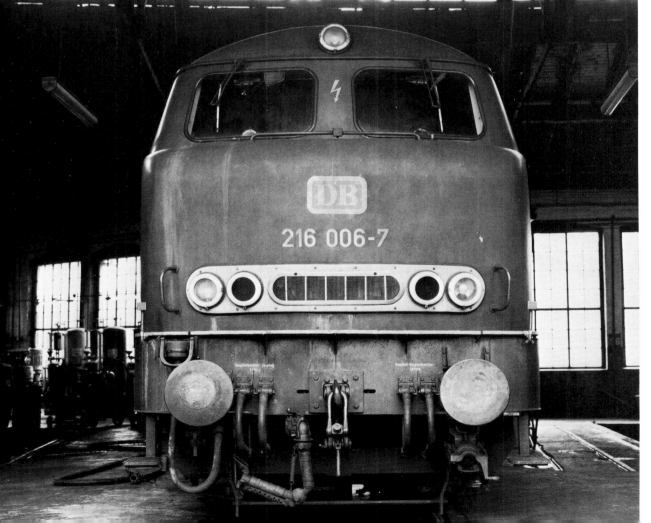

Die 10 Vorauslokomotiven der BR 216 wichen in der Ausführung der Endführerstände von den später gebauten Maschinen ab. Die zuerst gewählte abgerundete Form erinnerte entfernt an die BR 220 und wurde durch die zweckentsprechendere und elegantere Art der Serienlokomotive ersetzt.

B' B' Diesellokomotive BR 217 (V 162). Im Zuge der fortschreitenden Ausmusterung von Dampflokomotiven und der Umstellung auf Diesel- und Elektrotraktion zeichnete sich immer deutlicher ab, daß künftig nur noch elektrisch geheizt werden würde. Da die vorhandenen Brennkraftmotoren für den zusätzlichen Antrieb eines Heizgenerators zu leistungsschwach waren, installierte man bei der BR 217 anstelle der üblichen Heizkesselanlage ein Diesel-Heizgenerator-Aggregat. In die ersten drei Fahrzeuge kamen drei verschiedene, jeweils von den Firmen BBC, AEG und Siemens gelieferte Systeme zum Einbau.

BR 217 022 mit Eilzug E 1823 verläßt Hof in Richtung Süden. Die zwölf 1968 gelieferten Fahrzeuge wurden mit einheitlicher, von AEG und Siemens entwickelter Zugheiz-Einrichtung ausgestattet. Im Sommerbetrieb kann die Leistung des Heizdiesels (500 PS) über einen Einspeisewandler auch dem Fahrgetriebe zugeführt werden. – Nachdem diese drei ersten Lokomotiven zur Erprobung in Mühldorf stationiert waren, befinden sich seit 1970/71 nun alle Lok BR 217 in Regensburg.

B' B' Diesellokomotive BR 218 (V 1 ᴏᴏ). Die bei der Baureihe 217 gewonnene gute Erfahrung mit elektrischer Zugheiz-Einrichtung führte zum Bau dieser Lokomotive, einer Gemeinschaftsentwicklung des BZA München und Krupp. Zur Vereinfachung der Maschinenanlage verzichtete man auf den Einbau eines zweiten Dieselmotors zum Betrieb des Heizgenerators, sondern sah die Verwendung eines leistungsstärkeren Fahrdiesels vor, der neben der Traktionsleistung auch jene für den Generator aufbringen konnte. Der inzwischen zur Verfügung stehende MTU Dieselmotor mit 2500 PS erfüllte diese Forderung und wurde eingebaut. Die Antriebsanlage ist so ausgeführt, daß im Sommer 2020 PS und im Winter bei 360 kW Heizleistung 1960 PS am Getriebeeingang vorhanden sind.

101

Diesellokomotive BR 218 154 mit Eilzug E 1794 auf der Fahrt nach Bamberg. Im Sommer 1972 verfügte die DB über 86 dieser Fahrzeuge, die sowohl im Wendezugverkehr als auch in Doppeltraktion einsetzbar sind. Eine zweite Bauserie von 128 Lokomotiven ist bestellt, deren Auslieferung im Winter 1972/73 beginnen wird.

B' B' Diesellokomotive BR 219 (V 169). Parallel zur Entwicklung der Baureihe 217 befaßte sich auch KHD mit dem Bau einer Lokomotive mit elektrischer Zugheiz-Anlage. Anstelle eines Hilfsdiesels wählte man eine Zweiwellengasturbine mit 900 PS Leistung, die sich in abgeänderter Form bereits in der Luftfahrt bewährt hatte. Wie bei der BR 210 – die bekanntlich aus der 219 entstanden war – geben Fahrdiesel und Turbine getrennt ihre Leistung dem hydraulischen Getriebe ab und können gemeinsam oder alleine zur Traktion herangezogen werden. Der Generator ist mit dem Getriebe durch eine Gelenkwelle verbunden und leistet 360 kW. Auf der IVA 1965 in München wurde diese Lokomotive erstmalig vorgestellt. Später lief der Probebetrieb auf der Strecke München–Lindau an. Ein Nachbau dieser Maschine unterblieb, es konnten jedoch wertvolle Erfahrungen mit ihr gewonnen werde. – Im Sommer gehörte die 219 001 noch zum Bw Kempten, Turbine und Heizung waren jedoch im AW Nürnberg ausgebaut worden.

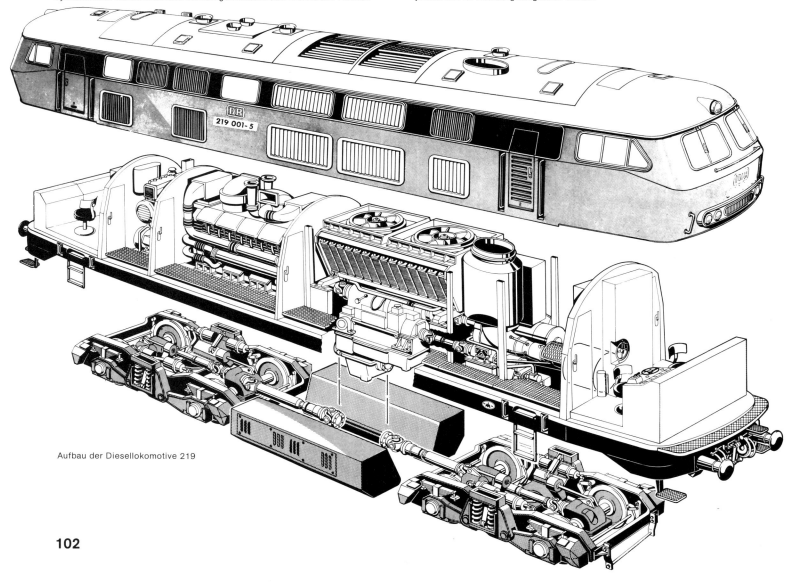

Aufbau der Diesellokomotive 219

B' B' Diesellokomotive BR 220 (V 200). Im Jahre 1953 lieferte KM die ersten 5 Fahrzeuge dieser Baureihe, die für den Schnellfernzug-, mittleren Reisezug- und Güterzugdienst auf Hauptbahnen bestimmt war. Die Erfahrung mir der zuvor gebauten Lokomotive BR 280 (V80) wurde der Konstruktion dieser Baureihe zugrunde gelegt. Kennzeichnend für die BR 220 sind zwei Motoren, die getrennt über zwei hydraulische Getriebe je ein Drehgestell antreiben. Die Maschinenanlage der Vorauslokomotiven erwies sich als zu schwach und wurde in der Serienausführung von 2 x 1000 auf 2 x 1100 PS Leistung angehoben. Alle Fahrzeuge haben Einrichtungen für Wendezugbetrieb und Doppeltraktion.

103

BR 220 052 mit Personenzug 3895 kurz vor der Einfahrt in den Schieferhaldetunnel. Die Schwarzwaldbahn mit ihren vielen Schleifen, Tunnels und Steilrampen gehört zu den klassischen Einsatzgebieten der Baureihe 220. – Die DB verfügt über 86 Fahrzeuge dieser Baureihe.

B' B' Diesellokomotive BR 221 (V 220.1). Obwohl Anfang der sechziger Jahre das neue Typenprogramm für Diesellokomotiven schon feststand und die bereits entsprechend gebauten Fahrzeuge ausgeliefert wurden, entschloß sich die DB nochmals zu einem verbesserten Nachbau der Baureihe 220. Die mit BR 221 bezeichnete Neubauserie erhielt leistungsstärkere Motoren (2 x 1350 PS), deren Einbau ohne große Veränderung des Fahrzeuggewichts realisiert werden konte. Weitere Verbesserungen wurden am Fahrwerk und den Steueranlagen vorgenommen. Spurkranzschmierung und Schleuderschutzausrüstung kamen zum Einbau, die Leistung der Zugheizeinrichtung wurde der höheren Anhängelast angepaßt.

104

Schnellzug D 1204 Konstanz–Offenburg auf der Schwarzwaldbahn mit BR 221 123, im rechten Hintergrund die Ausfahrt des Tannenwald-Tunnels. Auch die 50 nachgebauten Lokomotiven haben sich erstaunlich gut bewährt, obwohl sie vor schweren Zügen und auf steigungsreichen Strecken oft bis zur Grenze ihrer Leistungsfähigkeit belastet wurden. Die Wartungs- und Unterhaltungskosten halten sich trotz der zweimotorigen Anlage in normalen Grenzen und können durchaus einem Vergleich mit den neuen einmotorigen Diesellokomotiven standhalten.

C' C' Diesellokomotive BR 230 001 (V300). Diese Lokomotive stellt bei der DB ein Einzelexemplar dar. Als sechsachsige Variante der BR 220 von KM entwickelt, war sie zunächst als Versuchslokomotive gedacht, die aufgrund ihrer geringen Achslast auch für den Export vorgesehen war. Nach verschiedenen Umbauten kam sie dann erst probeweise zur DB und wurde 1963 offiziell übernommen. Nach längerem Einsatz in Hamm (Westf.), wo sie im Wechsel mit der BR 232 001 im schweren Reisezugdienst gelaufen war, kam sie über Lübeck nach Hamburg-Altona.

C' C' Diesellokomotive BR 232 (V320). Bei der Entwicklung der Baureihe 216 Ende der fünfziger Jahre lag es nahe, die vorgesehene Maschinenanlage auch für den Bau einer schweren Diesellokomotive in paarweiser Anordnung einzuplanen. Da von der DB keine Bestellung vorlag, baute Henschel auf eigene Kosten dieses schwere, 2 x 1900 PS leistende Triebfahrzeug. Die Erprobung dieser nach gleichen Bauprinzipien wie die BR 216 hergestellten Lokomotive verlief erfolgreich und veranlaßte die DB, die mit V 320 bezeichnete Maschine langfristig zu mieten. Nach einem längeren Einsatz in Hamm wurde sie später nach Kempten beheimatet und fuhr schwere Schnellzüge auf der Strecke München–Lindau. Nach Einführung der neuen BR 210 mit elektrischer Zugheiz-Einrichtung befördert sie nunmehr Güterzüge im Raume Kempten–Augsburg.

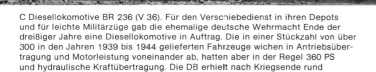

C Diesellokomotive BR 236 (V 36). Für den Verschiebedienst in ihren Depots und für leichte Militärzüge gab die ehemalige deutsche Wehrmacht Ende der dreißiger Jahre eine Diesellokomotive in Auftrag. Die in einer Stückzahl von über 300 in den Jahren 1939 bis 1944 gelieferten Fahrzeuge wichen in Antriebsübertragung und Motorleistung voneinander ab, hatten aber in der Regel 360 PS und hydraulische Kraftübertragung. Die DB erhielt nach Kriegsende rund 76 dieser Lokomotiven, 1950 wurden noch 18 Fahrzeuge nachgebaut. Bei einigen Lokomotiven wurde das Führerdach aufgeschnitten und darüber ein kanzelartiger Aufbau errichtet, wohin auch alle Bedienungsinstrumente hochgezogen wurden. Der Lokführer hatte von dort aus vollkommene Rundsicht. – Im Sommer 1972 zählten immerhin noch 80 dieser Fahrzeuge zum Bestand der DB.

107

B Diesellokomotive BR 245 (V 45). 1956 lieferte die elsäßische Lokomotivenfabrik SACM, Graffenstaden, zehn Fahrzeuge dieser zweiachsigen Rangierlokomotive an die Saarbahnen. Nach voller Wiedereingliederung des Saargebietes in die Deutsche Bundesrepublik kamen sie zur DB und liefen zuerst in verschiedenen Ausbesserungswerken. Die letzten zwei 1972 noch vorhandenen Lokomotiven waren in Bayreuth stationiert und neben dem Rangierdienst auch zuweilen vor Bauzügen anzutreffen.

C Diesellokomotive BR 260 (V 60). Zur Bewältigung des leichten und mittleren Rangierdienstes erhielt die DB ab 1957 Lokomotiven dieser Baureihe in großer Stückzahl. Die von Atlas Mak entwickelten Fahrzeuge sind von robustem Aufbau. Der Dieselmotor treibt über ein hydraulisches Getriebe, das mit dem mechanischen Stufen- und Wendegetriebe zusammengefaßt ist, über Blindwelle und Treibstangen die drei Achsen an. Einige Fahrzeuge erhielten Funkfernsteuerung und können beim Abdrücken schwerer Güterzüge vom Bergmeister direkt angesteuert werden. 621 Fahrzeuge sind im Einsatz bei der DB.

108

C Diesellokomotive BR 261 (V 61). Parallel zur Entwicklung der V 60 wurden vier Fahrzeuge einer etwas schwereren Ausführung gleicher Leistung gebaut. Man entschied sich jedoch für sie erst bei Auflegung der 4. Nachbauserie. Stärker ausgeführte Rahmenlängsträger und Deckbleche ließen das Gewicht der Lok von vorher 48 auf 54 Mp ansteigen und verbesserten aufgrund der höheren Reibungslast die maximale Anfahrzugkraft von 12 auf 13,5 Mp. Der Rahmen kann im Betrieb Pufferstöße von 2 x 200 Mp ohne Verformung aufnehmen. Von der Baureihe 261 sind 319 Lokomotiven vorhanden.

D – Diesellokomotive 265 (V 65) Atlas Mak lieferte 1956 15 Lokomotiven dieser Baureihe, die ursprünglich für den leichten gemischten Dienst vorgesehen war. Nach längerem Personenzugdienst im Raum Marburg (Lahn) wurden sie nach Hamburg und Puttgarten umstationiert und werden dort seit 1962 ausschließlich im Rangierdienst verwendet. Bemerkenswert sind die vier Achsen, die paarweise zu Beugniot-Gestellen zusammengefaßt sind und der Lokomotive eine gute Kurvenläufigkeit verleihen.

109

B – Diesellokomotive BR 270 (V 20). Für den verschiedenartigsten Einsatz im Eisenbahnpionierdienst, auf den Hafenbahnen der Kriegshäfen und auch im Zugübergabedienst bestellte die ehemalige deutsche Wehrmacht schon Mitte der dreißiger Jahre eine Reihe von Diesellokomotiven, die später mit V 20 bezeichnet wurden. 30 dieser, je nach Bauart, zwischen 200 und 220 PS (Deutz bzw. Mak) leistenden dieselhydraulischen Fahrzeuge übernahm nach dem Kriege die DB und verteilte sie auf ca. 10 Bahnbetriebswerke. Im Sommer 1972 waren noch alle 30 Lokomotiven vorhanden. Der sich immer deutlicher bemerkbar machende Ersatzteilmangel wird wohl zur baldigen Ausmusterung dieser Baureihe führen.

B' B' – Diesellokomotive BR 280 (V 80). Als erste Brennkraftlokomotive nach dem Krieg wurde unter Beteiligung verschiedener Firmen die Baureihe 280 erstellt. Grundlage für den Bau dieser Lokomotive war die Maschinenanlage der Dieseltriebwagen VT 608 und 612, die aus einem schnellaufenden Dieselmotor von 1000 bzw. 1100 PS Leistung bestand. Die Erfahrungen der BR 280 kamen der Entwicklung der etwas später gebauten BR 220 zugute, in der jedoch zwei Maschineneinheiten gleicher Bauweise Verwendung fanden.

110

BR 280 009 mit einem Personenzug bei Forchheim. Die Baureihe war hauptsächlich für den leichten Reisezug- und Güterzugdienst auf Nebenbahnen bestimmt. Nach dem Einbau einer Anlage für Wendezugbetrieb und Doppeltraktion entfernte man den ursprünglich vorhandenen Langsamgang (100/50 km/h), da die Maschinen nur noch im Reisezugdienst zu finden waren. Nach anfänglichen Einsätzen im Vorortverkehr von Frankfurt und Nürnberg, der meistens im Wendezugbetrieb gefahren wurde, sind alle 10 Lokomotiven im Bw Bamberg zusammengefaßt.

Do + Do – Diesellokomotive BR 288 (V 188). Die Deutsche Wehrmacht bestellte zu Beginn des letzten Weltkrieges unter höchster Geheimhaltung bei Fried. Krupp 6 Einheiten dieser dieselelektrisch betriebenen Doppellokomotiven. Wegen der Kriegsgeschehen wurden jedoch nur 4 Einheiten fertiggestellt und ausgeliefert. Diese leistungsstarken Lokomotiven waren jedoch nicht für Transportaufgaben vorgesehen, sondern sollten dem Richten der schweren 80 cm-Eisenbahngeschütze (Dora) in der Schießkurve dienen. Diese riesigen Kanonen konnten nur in der Höhe verstellt werden und mußten zum Seitenrichten auf einem bogenförmig angelegten Gleiskörper verschoben werden. Gleichzeitig dienten die zwei Generatoren der Doppellokomotiven zur Stromversorgung der gesamten Geschützanlage. Durch Dampflokomotiven wurden sie zu ihrem Einsatzort geschleppt. –

Die nach dem Krieg auf westdeutschem Gebiet verbliebenen drei Doppellokomotiven (bzw. eine Maschine davon in Holland) waren nur zum Teil beschädigt, so daß zwei wieder instandgesetzt werden konnten. Bemerkenswert an diesen Fahrzeugen war die Tatsache, daß sie bis zum heutigen Tag die einzigen Lokomotiven der DB mit elektrischer Kraftübertragung waren.
Nach dem Umbau beider Lokomotiven wurde die erste im August 1949, die zweite im Dezember 1951 in Dienst gestellt. In den folgenden Jahren waren sie im Schiebedienst auf der Steilrampe Laufach-Heigenbrücken eingesetzt.
Dann erhielten wiederum beide Lok 1956/57 neue 1 100 PS-Motoren und wurden erst nach Gemünden, später nach Bamberg verlegt. Die abgebildete Lokomotive war bis 1972 im Dienst und ist nun im AW Nürnberg abgestellt.

B' B' Rangierlokomotive BR 290
(V 90). Zur Ergänzung der bereits in
großer Stückzahl vorhandenen Rangierlokomotiven BR 260/261 entwickelte Mak eine Baureihe für den
schweren Dienst. Die vorher in Erwägung gezogene Möglichkeit, die
Baureihe 211/212 auch für den Einsatz
im Rangierdienst zu verwenden, wurde
fallengelassen. Dafür konzipierte man
eine völlig neue Lokomotive, die jedoch mit der 211 viele Bauteile gemeinsam hatte. Nach dem Bau von 20
Vorauslokomotiven im Jahre 1964/65
wurden ab 1966 weitere Fahrzeuge
geliefert; im Sommer 1972 waren 266
Stück vorhanden. Die Lokomotiven der
Baureihe 290 haben sich überaus gut
bewährt und sind sowohl im Rangier- als
auch im Streckendienst zu finden.
Die Abbildung zeigt zwei hintereinander
fahrende BR 290, die einen Dampflokbespannten Güterzug durch den Kaiser-Wilhelm-Tunnel bei Cochem schieben.
Die Profilbauarbeiten für die Elektrifizierung der Moselbahn in diesem Tunnel erfordern zum Schutze des Baupersonals, daß die dort noch vielfach verkehrenden Dampflokomotiven nur mit
geschlossenem Regler passieren. Sie
werden somit, einschließlich ihrer Güterwagen, durch den Tunnel geschoben
und können erst wieder auf der anderen Ausgangsseite bei Eller (Tunnellänge 4203 m) ihren Regler öffnen.

B' B' Rangierlokomotive BR 291.
Neben der Entwicklung der Baureihe
290 stellte Mak in eigener Regie drei
weitere, den 290-Vorauslokomotiven
sehr ähnliche Prototypen her, in denen
jedoch an Stelle des üblichen MTU-Motors eine Eigenentwicklung zum
Einbau kam. Kennzeichnend für den
Motor ist die größere Leistung von
1400 PS bei nur 1000 U/min (MTU
1100 PS bei 1400 U/min). Nach
Probeläufen in Schweden und längerem
Einsatz bei einer norddeutschen Privatbahn mietete die DB diese drei Fahrzeuge langfristig. Zum 1. Januar 1972
gingen sie endgültig in den Besitz der
DB über und versehen vom Bw Delmenhorst aus schwere Rangierdienste im Bf Bremen-Inlandhafen.

Lok BR 001 202 im Bw Hof

Schnellzug Hof – Bamberg in voller Fahrt bei Untersteinach, es führt die Lok BR 001 173.

BR 052 241, die letzte Dampflok im Bw München-Ost (vom Bw Mühldorf ausgeliehen)

Güterzug Tübingen—Horb kurz vor Unterjesingen, es führt die Lokomotive BR 052 953

TEE „Blauer Enzian" überquert den Lech bei Augsburg

Vorauslokomotive BR 103 004 vor dem Intercity-Zug „Präsident", abfahrbereit in München Hbf

Schnellfahrlok BR 103 202 nach der Abnahme im Aw Freimann

Diesellokomotive BR 210 004 im Bw München Hbf

BR 210 008 mit TEE-Bavaria auf der Allgäustrecke bei Aitrang

I. DAMPFLOKOMOTIVEN

1. DAMPFLOKOMOTIVBESTAND DER DB (REGELSPUR)

Baureihe	Bestand am 1. 2. 1972	Standorte (Heimat – Bwe)*
001	20	Hof, Ehrang
003	3	Ulm
011	2	Rheine
012	27	Rheine, Hamburg-Altona
023	77	Crailsheim, Saarbrücken Hbf, Kaiserslautern
038	7	Tübingen
042	35	Rheine
043	29	Kassel, Rheine
044	268	Crailsheim, Nürnberg Rbf, Koblenz etc.
050-053	806	Ulm, Mannheim, Braunschweig etc.
055	4	Gremberg (Köln)
064	30	Aschaffenburg, Weiden, Heilbronn etc.
065	4	Aschaffenburg
078	7	Rottweil, Tübingen
082	3	Koblenz
086	24	Hof, Nürnberg Rbf, Plattling etc.
094	38	Dillenburg, Wuppertal, Koblenz etc.
	1384	

* Sind die Baureihen in mehr als drei Bahnbetriebswerken zu finden, siehe Aufstellung Dampflok-Standorte.

2. ÜBERSICHT DER BAHNBETRIEBSWERKE MIT BEHEIMATETEN DAMPFLOKOMOTIVEN
(Stand vom 1. 2. 1972)

Heimat – Bw	Baureihen (BR)*
Aschaffenburg	050, 064, 065
Bestwig	050
Betzdorf	044, 050
Braunschweig 1	050
Crailsheim	023, 044
Dillenburg	050, 094
Dillingen	050
Dortmund Rbf	050
Duisburg – Wedau	050
Ehrang	001, 044
Emden	044, 050, 094
Gelsenkirchen – Bismark	044
Goslar	050, 094
Gremberg	050, 055
Hamburg – Altona	012
Hamburg – Rothenburgsort	050, 094
Hameln	044, 050
Hamm	044, 050, 094
Heilbronn	050, 064
Hof	001, 050, 086
Hohenludberg	050
Kaiserslautern	023, 050
Kassel	043
Koblenz – Mosel	044, 050, 082, 094
Köln – Eifeltor	050
Kirchenlaibach	050
Lehrte	044, 050, 094
Limburg	050
Mannheim	050
Mayen	050
Mühldorf	050
Neuß	050
Nürnberg Rbr	044, 050, 086
Oberhausen – Osterfeld Süd	050
Ottbergen	044
Paderborn	044, 050
Plattling	050, 064, 086
Rheine	011, 012, 042, 043
Rottweil	044, 078
Saarbrücken Hbf	023, 050
Schwandorf	050, 086
Schweinfurt	050
Tübingen	038, 050, 064
Uelzen	050
Ulm	003, 050
Wanne-Eickel	050, 094
Weiden	044, 050, 064
Wuppertal	050, 094

* in der Bezeichnung BR 050 sind die Lokomotiven 051 bis 053 enthalten!

3. ÜBERSICHT DER GEKUPPELTEN TENDER

Bauart	Tenderleer-gewicht Mp	Tenderges.gew. m. vol. Vorräten Mp	Wasser m³	Kohle bzw. Öl t bzw. m³	Achslast max. Mp	Lokomotiv-Baureihe
3 T 16,5 pr	22,0	45,5	16,5	7,0	15,2	055
2' 2' T 21,5 pr	23,0	51,5	21,5	7,0	13,3	038
2' 2' T 26	25,5	59,5	26,0	8,0	15,04	050–053
2' 2' T 26 Kab.	25,5	58,1	26,0	6,6	14,9	050–053
2' 2' T 30	18,7	58,7	30,0	10,0	14,8	038, 050–053
2' 2' T 31	23	62	31,0	8,0	15,6	023
2' 2' T 32	32,6	74,6	32,0	10,0	18,75	001, 003, 044
2' 2' T 34	30,2	74,2	34,0	10,0	18,6	001, 003, 044
2' 2' T 30 Stoker	31,1	71,1	30,0	10,0	17,8	044 mit Ver·brennk. u. Stoker
2' 2' T 34 Öl	32,08	77,6	34,0	12,0	19,3	042, 043
2' 3 T 38	33,2	81,2	38,0	10,0	16,3	011
2' 3 T 38 Öl	35,38	84,90	38,0	12,0	17,03	012

Anmerkung: Das Tenderdienstgewicht ergibt sich bei nur ⅔ der Vorräte.

4. WICHTIGE KENNDATEN DER DAMPFLOKOMOTIVEN

Baureihe	Dim	001	001 Umbau 1957	003
Bauart	–	2' C 1' h 2	2' C 1' h 2	2' C 1' h 2
Leistung	PSi	2240	2330	1980
Höchstgeschw.	km/h	130/50	130/50	130/50
Zugkraft	Mp	15,2	15,2	13,72
Treib- u. Kuppelrad-Ø	mm	2000	2000	2000
Laufrad-Ø, vorn	mm	850/1000	1000	850/1000
Laufrad-Ø, hinten	mm	1250	1250	1250
Zylinder-Ø	mm	600	600	570
Kolbenhub	mm	660	660	660
Kolbenschieber-Ø	mm	300	300	300
Kesselüberdruck	kp/cm^2	16	16	16
Wasserraum des Kessels	m^3	9,56	10,85	9,08
Dampfraum des Kessels	m^3	4,06	5,38	3,22
Verdampfungs-Wasseroberfläche	m^2	13,36	14,33	13,12
Feuerrauminhalt	m^3	6,86	9,35	6,11
Größter Kessel-Ø	mm	1900	2000	1700
Anzahl der Heizrohre	–	129	96	85
Heizrohr-Ø	mm	54 x 2,5	54 x 2,5	70 x 2,5
Anzahl der Rauchrohre	–	43	46	20
Rauchrohr-Ø	mm	143 x 4,25	143 x 4,25	171 x 4,5
Rostfläche	m^2	4,41	3,955	3,89
Strahlungsheizfläche	m^2	17	22,0	15,9
Rauchrohrheizfläche	m^2	105,38	97,16	69,22
Heizrohrfläche	m^2	115,18	73,93	118,03
Verdampfungsheizfläche	m^2	237,56	193,09	203,15
Überhitzerheizfläche	m^2	100,0	100,54	72,22
Achslast max.	Mp	20,2	19,8	18,2
Lokleergewicht	Mp	99,3	96,6	91,00
Lokreibungslast	Mp	59,2	57,7	54,3
Lokdienstgewicht	Mp	108,9	108,3	100,3
Fahrzeuggesamtgewicht (mit allen Vorräten)	Mp	184,5	182,5	174,5
Tender	–	2' 2' T 32 oder 2' 2' T 34	2' 2' T 34	2' 2' T 32 oder 2' 2' T 34
Länge über Puffer	mm	23.750	23.940	23.905
Befahrbarer Bogenhalbmesser	m	180	140	180
Befahrbarer Ablaufberghalbmesser	m	300	300	300
1. Baujahr	–	1925	Umbau ab 1957	1930
Hersteller	–	DLV	–	DLV
Abbildung Seite	–	26	27	28/29

Anmerkung: Das Fahrzeugdienstgewicht (Lok u. Tender) ergibt sich bei nur ⅔ der Vorräte.

Baureihe	Dim	011	012	023
Bauart	–	2' C 1' h 3	2' C 1' h 3	1' C 1' h 2
Leistung	PSi	2350	2470	1785
Höchstgeschw.	km/h	140/50	140/50	110/85
Zugkraft	Mp	15,84	15,84	14,6
Treib- u. Kuppelrad-Ø,	mm	2000	2000	1750
Laufrad-Ø, vorn	mm	1000	1000	1000
Laufrad-Ø, hinten	mm	1250	1250	1250
Zylinder-Ø	mm	3 x 500	3 x 500	550
Kolbenhub	mm	660	660	660
Kolbenschieber-Ø	mm	300	300	300
Kesselüberdruck	kp/cm^2	16	16	16
Wasserraum des Kessels	m^3	10,5	10,5	7,35
Dampfraum des Kessels	m^3	4,8	4,8	2,85
Verdampfungs-Wasseroberfläche	m^2	14,5	14,5	10,70
Feuerrauminhalt	m^3	9,2	9,63	5,99
Größter Kessel-Ø	mm	2000	2000	1863
Anzahl der Heizrohre	–	119	119	130
Heizrohr-Ø	mm	54 x 2,5	54 x 2,5	44,5 x 2,5
Anzahl der Rauchrohre	–	44	44	54
Rauchrohr-Ø	mm	143 x 4,25	143 x 4,25	118 x 4
Rostfläche	m^2	3,96	–	3,12
Strahlungsheizfläche	m^2	22,0	22,0	17,10
Rauchrohrheizfläche	m^2	92,96	92,96	74,65
Heizrohrfläche	m^2	91,55	91,55	64,53
Verdampfungsheizfläche	m^2	206,51	206,51	156,28
Überhitzerheizfläche	m^2	96,15	96,15	73,80
Achslast max.	Mp	20,20	20,8	18,9
Lokleergewicht	Mp	99,60	101,0	74,6
Lokreibungslast	Mp	60,40	61	56,0
Lokdienstgewicht	Mp	110,80	111,60	82,8
Fahrzeuggesamtgewicht (mit allen Vorräten)	Mp	192,00	196,50	144,8
Tender	–	2' 3 T 38	2' 3 T 38 Öl	2' 2' T 31
Länge über Puffer	mm	24.130	24.130	21.325
Befahrbarer Bogenhalbmesser	m	140	140	140
Befahrbarer Ablaufberghalbmesser	m	300	300	300
1. Baujahr	–	1937 Umbau 1953	1937 Umbau 1956	1950
Hersteller	–	Henschel	Henschel	Henschel
Abbildung Seite	–	30	31	32

Baureihe	Dim	038	042	043
Bauart	–	2' C h 2	1' D 1' h 2	1' E h 3
Leistung	PSi	1180	1975	2100
Höchstgeschw.	km/h	100/59	90/50	80/50
Zugkraft	Mp	11,43	15,58	27,38
Treib- u. Kuppelrad-Ø	mm	1750	1600	1400
Laufrad-Ø, vorn	mm	1000	1000	850
Laufrad-Ø, hinten	mm	–	1250	–
Zylinder-Ø	mm	575	520	3 x 550
Kolbenhub	mm	630	720	660
Kolbenschieber-Ø	mm	220	300	300
Kesselüberdruck	kp/cm^2	12	16	16
Wasserraum des Kessels	m^3	6,50	10,25	9,65
Dampfraum des Kessels	m^3	3,10	4,28	4,60
Verdampfungs-Wasseroberfläche	m^2	9,750	13,30	13,80
Feuerrauminhalt	m^3	4,520	8,860	7,40
Größter Kessel-Ø	mm	1600	1864	1900
Anzahl der Heizrohre	–	123	80	128
Heizrohr-Ø	mm	51 x 2,5	54 x 2,5	54 x 2,5
Anzahl der Rauchrohre	–	26	42	43
Rauchrohr-Ø	mm	133 x 4	143 x 4,25	143 x 4,25
Rostfläche	m^2	2,58	–	–
Strahlungsheizfläche	m^2	14,47	21,22	18,30
Rauchrohrheizfläche	m^2	47,99	92,28	105,38
Heizrohrfläche	m^2	83,54	64,04	114,29
Verdampfungsheizfläche	m^2	146,00	177,54	237,67
Überhitzerheizfläche	m^2	34,92	95,77	100,0
Achslast max.	Mp	17,7	19,9	19,3
Lokleergewicht	Mp	70,7	93,1	100,2
Lokreibungslast	Mp	51,6	74,3	94,9
Lokdienstgewicht	Mp	78,2	101,3	109,6
Fahrzeuggesamtgewicht (mit allen Vorräten)	Mp	129,7	177,5	187,2
Tender	–	2' 2' T 21,5 (pr)	2' 2' T 34 Öl	2' 2' T 34 Öl
Länge über Puffer	mm	18.592	23.905	22.620
Befahrbarer Bogenhalbmesser	m	140	140	140
Befahrbarer Ablaufberghalbmesser	m	300	300	300
1. Baujahr	–	1906	Umbau 1958	Umbau 1960
Hersteller	–	Schwartzkopff	Henschel	DLV
Abbildung Seite	–	33	34/35	36

Baureihe	Dim	044	050	055
Bauart	–	1' E h 3	1' E h 2	D h 2
Leistung	PSi	1910	1625	1260
Höchstgeschw.	km/h	80/50	80/80	55/50
Zugkraft	Mp	27,38	21,72	19,7
Treib- u. Kuppelrad-Ø	mm	1400	1400	1350
Laufrad-Ø, vorn	mm	850	850	–
Laufrad-Ø, hinten	mm	–	–	–
Zylinder-Ø	mm	3 x 550	600	600
Kolbenhub	mm	660	660	660
Kolbenschieber-Ø	mm	300	300	220
Kesselüberdruck	kp/cm^2	16	16	14
Wasserraum des Kessels	m^3	9,45/9,65	7,75	6,29
Dampfraum des Kessels	m^3	4,60	3,0	2,15
Verdampfungs-Wasseroberfläche	m^2	13,80	10,80	8,82
Feuerrauminhalt	m^3	7,1/6,88	6,11	4,290
Größter Kessel-Ø	mm	1900	1700	1598
Anzahl der Heizrohre	–	128	113	138
Heizrohr-Ø	mm	54 x 2,5	54 x 2,5	51 x 2,5
Anzahl der Rauchrohre	–	43	35	24
Rauchrohr-Ø	mm	143 x 4,25	133 x 4	133 x 4
Rostfläche	m^2	4,73/4,55	3,89	2,58
Strahlungsheizfläche	m^2	18,33/18,30	15,90	13,89
Rauchrohrheizfläche	m^2	105,38	71,47	42,41
Heizrohrfläche	m^2	114,29	90,46	89,74
Verdampfungsheizfläche	m^2	238,0/237,67	177,83	146,04
Überhitzerheizfläche	m^2	100,0	68,94	51,88
Achslast max.	Mp	19,3	15,2	17,6
Lokleergewicht	Mp	100,3	78,6	62,2
Lokreibungslast	Mp	95,9	75,3	69,9
Lokdienstgewicht	Mp	110,2	86,9	69,9
Fahrzeuggesamtgewicht (mit allen Vorräten)	Mp	184,8	146,4	115,4
Tender	–	2' 2' T 34 2' 2' T 32	2' 2' T 26 2' 2' T 26 Kab	3 T 16,5 (pr)
Länge über Puffer	mm	22.620	22.940	18.290
Befahrbarer Bogenhalbmesser	m	140	140	100
Befahrbarer Ablaufberghalbmesser	m	300	300	300
1. Baujahr	–	1926	1939	1912
Hersteller	–	DLV	DLV	Schichau
Abbildung Seite	–	37	39–41	42

Baureihe	Dim	064	065	078
Bauart	–	1'C 1' h 2	1' D 2' h 2	2' C 2' h 2
Leistung	PSi	950	1480	1140
Höchstgeschw.	km/h	90/90	85/85	100/100
Zugkraft	Mp	12,32	16,01	11,5
Treib- u. Kuppelrad-Ø	mm	1500	1500	1650
Laufrad-Ø, vorn	mm	850	850	1000
Laufrad-Ø, hinten	mm	850	850	1000
Zylinder-Ø	mm	500	570	560
Kolbenhub	mm	660	660	630
Kolbenschieber-Ø	mm	220	300	220
Kesselüberdruck	kp/cm^2	14	14	12
Wasserraum des Kessels	m^3	5,34/4,61	7,20	5,65
Dampfraum des Kessels	m^3	1,21	2,92	2,87
Verdampfungs-Wasseroberfläche	m^2	6,14	9,78	8,51
Feuerrauminhalt	m^3	2,80	4,93	3,870
Größter Kessel-Ø	mm	1500	1770	1498
Anzahl der Heizrohre	–	114	124	134
Heizrohr-Ø	mm	44,5 x 2,5	44,5 x 2,5	44,5 x 2,5
Anzahl der Rauchrohre	–	32	46	24
Rauchrohr-Ø	mm	118 x 4	118 x 4	133 x 4
Rostfläche	m^2	2,04/2,06	2,67	2,35
Strahlungsheizfläche	m^2	8,70	14,80	13,04
Rauchrohrheizfläche	m^2	42,02	63,58	44,30
Heizrohrfläche	m^2	53,76	61,55	78,15
Verdampfungsheizfläche	m^2	104,48	139,93	135,49
Überhitzerheizfläche	m^2	37,34	62,90	49,20
Achslast max.	Mp	15,3/15,4	16,9	17,1
Lokleergewicht	Mp	58,0/58,5	81,2	83,2
Lokreibungslast	Mp	45,5/45,7	67,6	51,1
Lokdienstgewicht	Mp	62,9/63,2	88,5	89,5
Fahrzeuggesamtgewicht (mit allen Vorräten)	Mp	74,9/75,2	107,6	106,0
Tender	–	–	–	–
Länge über Puffer	mm	12.400/12.500	15.475	14.800
Befahrbarer Bogenhalbmesser	m	140/100	140	180
Befahrbarer Ablaufberghalbmesser	m	300	300	300
1. Baujahr	–	1926/1940	1951	1912
Hersteller	–	DLV	Krauss-Maffei	Borsig LW
Abbildung Seite	–	43	44	45

Baureihe	Dim	082	086	094
Bauart	–	E h 2	1' D 1' h 2	E h 2
Leistung	PSi	1290	1030	1070
Höchstgeschw.	km/h	70/70	70/70 bzw. 80/80	60/60
Zugkraft	Mp	19,0	17,15	17,46
Treib- u. Kuppelrad-Ø	mm	1400	1400	1350
Laufrad-Ø, vorn	mm	–	850	–
Laufrad-Ø, hinten	mm	–	850	–
Zylinder-Ø	mm	600	570	610
Kolbenhub	mm	660	660	660
Kolbenschieber-Ø	mm	300	300	220
Kesselüberdruck	kp/cm^2	14	14	12
Wasserraum des Kessels	m^3	6,30	5,10	5,41
Dampfraum des Kessels	m^3	1,70	2,10	2,20
Verdampfungs-Wasseroberfläche	m^2	8,30	8,20	8,08
Feuerrauminhalt	m^3	4,26	3,17	3,46
Größter Kessel-Ø	mm	1572	1500	1500
Anzahl der Heizrohre	–	115	110	137
Heizrohr-Ø	mm	44,5 x 2,5	44,5 x 2,5	44,5 x 2,5
Anzahl der Rauchrohre	–	38	26	22
Rauchrohr-Ø	mm	118 x 4	133 x 4	133 x 4
Rostfläche	m^2	2,39	2,39	2,24
Strahlungsheizfläche	m^2	12,60	10,00	11,61
Rauchrohrheizfläche	m^2	52,53	45,95	38,88
Heizrohrfläche	m^2	57,08	61,42	76,50
Verdampfungsheizfläche	m^2	122,21	117,37	126,99
Überhitzerheizfläche	m^2	51,90	47,0	45,27
Achslast max.	Mp	18,9	15,6/14,9	17,2
Lokleergewicht	Mp	61,7	70,0/68,0	68,1
Lokreibungslast	Mp	91,8	60,6/59,4	84,9
Lokdienstgewicht	Mp	76,8	75,5/74,3	73,9
Fahrzeuggesamtgewicht (mit allen Vorräten)	Mp	91,8	88,5/87,3	84,9
Tender	–	–	–	–
Länge über Puffer	mm	14.060	13.820/13.920	12.660
Befahrbarer Bogenhalbmesser	m	140	140	140
Befahrbarer Ablaufberghalbmesser	m	300	300	300
1. Baujahr	–	1950	1927/1938	1914
	–			
Hersteller		Henschel	DLV	Schichau
Abbildung Seite	–	46	47	48

II. ELEKTROLOKOMOTIVEN

1. ELEKTROLOKOMOTIVBESTAND DER DB

Baureihe	Best. am 1. 3. 1972	Standorte (Heimat – Bwe)*
103	88	Frankfurt Hbf, München Hbf, Nürnberg Hbf etc.
104	6	Osnabrück
110^0 (Vorserie)	5	Nürnberg Hbf
110^1 u. 110^3	378	Frankfurt Hbf, München Hbf, Nürnberg Hbf etc.
112	31	Frankfurt Hbf, Dortmund
116	18	Freilassing
117	25	Augsburg
118	41	Freilassing, Nürnberg Hbf, Regensburg
119	4	Nürnberg Hbf
132	8	München Hbf
139	31	Offenburg, Dortmund
140	788	München Ost, Rosenheim, Stuttgart Hbf etc.
141	451	München Hbf, Frankurt Hbf, Mainz etc.
144	109	München-Ost, Rosenheim, Freiburg etc.
145	16	Freiburg
150	163	Bebra, Kornwestheim, Würzburg etc.
151	–	–
152	11	Kaiserslautern
160	14	Freilassing, Garmisch-P., Rosenheim
163	8	Augsburg, Stuttgart
169	4	Garmisch-P., Außenstelle Murnau
175	5	Ingolstadt
181	4	Saarbrücken Hbf
182	3	Saarbrücken Hbf
184	5	Köln-Deutzerfeld
191	22	München-Ost
193	18	Kornwestheim
194	124	Augsburg, München-Ost, Würzburg
	2380	

* Sind mehr als die jeweils drei aufgeführten Heimat-Bahnbetriebswerke vorhanden, endet die Reihe mit etc.

2. WICHTIGE KENNDATEN DER ELEKTROLOKOMOTIVEN

Baureihe	Dim	103	104 104 017–022	110⁰ 110 001
Bauart	–	Co' Co'	1' Co 1'	Bo' Bo'
Stromsystem	Hz/kV	16 ⅔/15	16 ⅔/15	16 ⅔/15
Höchstgeschwindigkeit	km/h	200	110/130	130
Stundenleistung	kW	6440/7780	2190	3800
bei Geschwindigkeit	km/h	200/182	98	94
Dauerleistung	kW	5950/7080	2010	3300
bei Geschwindigkeit	km/h	200/182	87/102,5	100
Anfahrzugkraft max.	Mp	31,8	18,0/15,5	26,0
Stundenzugkraft	Mp	15,7	9,57/8,22	14,84
Dauerzugkraft	Mp	14,3	8,45/6,48	14,24
Treibrad-Ø, neu	mm	1250	1600	1350
Laufrad-Ø, neu	mm	–	1000	–
Dienstgewicht	Mp	114/116	94	84
Lokreibungslast	Mp	114/116	63	84
Achslast max.	Mp	18,8/19,3	20,5	21,0
Bremsgewicht P	Mp	100	90	87
Länge über Puffer	mm	19 500/20 200	15 720	16 100
Befahrbarer Bogenhalbmesser	m	140	180	100
Befahrbarer Ablaufberghalbmesser	m	200	400	200
Antriebsart	–	SSW-GK	Federtopf	Alsthom
Antriebsfederung	–	Gummi-Elemente	Federtopf	Großrad
Achslager	–	Pendelrollen Zylinderrollen	Isothermos	Pendelrollen
Bremse	–	KE-GRR E m Z	K-GP m Z	K-GPR m Z
Bremskraftübertragung	–	Gestänge	Kl	Kl
Handbremse	–	Sp	Sp	Sp
Elektrische Bremse	–	FGW	–	–
Stromabnehmer	–	2 x DBS 54/SBS 65	2 x DBS 54	2 x DBS 54
Hauptschalter	–	DS	Ö	DG
Typ	–	DBTF 20 i 200	BO	AP 1/1
Transformator	–	WFUR 1565 v/15	BLT 100	BLT 114
Gewicht	kp	15 860/18 885	7630	9500
Nennleistung	kW	5260/6250	1346	2690
Fahrmotoren	–	6 x WB 368/17 f	3 x EKB 860	4 x EKB 895
Höchstdrehzahl	U/min	1525	1300	1310
Motorgewicht	kp	3500	4900	4100
Kühlung	–	F	F	F
Fahrmotorsteuerung	–	Hochspannungs-Stu- fenst. mit Thyristor- Lastschalter	No (Fein)	St L, Nachl.
Schaltwerkantrieb	–	EM	H	EM
Zahl der Fahrstufen	–	39	15	18
1. Baujahr	–	1965/72	1934	1952
Hersteller, mech./elektr. Teil	–	RST/SSW	AEG/AEG	KM/AEG
Abbildung Seite	–	52/53	54	55

Baureihe	Dim	110⁰ 110 002	110⁰ 110 003	110⁰ 110 004–005
Bauart	–	Bo' Bo'	Bo' Bo'	Bo' Bo'
Stromsystem	Hz/kV	16 ⅔/15	16 ⅔/15	16 ⅔/15
Höchstgeschwindigkeit	km/h	130	130	130
Stundenleistung	kW	3290	3800	3440
bei Geschwindigkeit	km/h	74	91	98
Dauerleistung	kW	3040	3460	3280
bei Geschwindigkeit	km/h	85	86	100
Anfahrzugkraft max.	Mp	26,0	28,0	26,0
Stundenzugkraft	Mp	15,2	15,36	12,88
Dauerzugkraft	Mp	13,0	14,56	12,04
Treibrad-Ø, neu	mm	1250	1250	1250
Laufrad-Ø, neu	mm	–	–	–
Dienstgewicht	Mp	82	81	81
Lokreibungslast	Mp	82	81	81
Achslast max.	Mp	20,5	20,25	20,25
Bremsgewicht P	Mp	78	64	64
Länge über Puffer	mm	16 650	15 900	15 900
Befahrbarer Bogenhalbmesser	m	100	100	100
Befahrbarer Ablaufberghalbmesser	m	200	200	200
Antriebsart	–	BBC-Scheiben	SSW-GR	Séchéron
Antriebsfederung	–	Torsionsstab und Scheiben	Gummi Segm.	Torsionsstab-lamellen
Achslager	–	Pendelrollen	Pendelrollen	Pendelrollen
Bremse	–	K-GPR m Z	K-GPR m Z	K-GPR m Z
Bremskraftübertragung	–	Kl	Kl	Kl
Handbremse	–	Sp	Sp	Sp
Elektrische Bremse	–	–	–	–
Stromabnehmer	–	2 x DBS 54	2 x DBS 54	2 x DBS 54
Hauptschalter	–	DS	Ex	DG
Typ	–	DBTF 20 i 200	H 638	AP 1/1
Transformator	–	TUDB z 3080	WBT 688	TUDB z 3080
Gewicht	kp	10 500	8850	10 500
Nennleistung	kW	3080	3000	3080
Fahrmotoren	–	4 x ELM 983 s	4 x WB 358/21	4 x EKB 895–1
Höchstdrehzahl	U/min	1257	1880	1265
Motorgewicht	kp	4080	3735	4059
Kühlung	–	F	F	
Fahrmotorsteuerung	–	Ho, Nachl.	StL, Nachl.	Ho, Nachl.
Schaltwerkantrieb	–	EM, H	EM	EM
Zahl der Fahrstufen	–	28	33	28
1. Baujahr	–	1953	1952	1953
Hersteller, mech./elektr. Teil	–	FK/BBC	HW/SSW	HW/AEG-BBC
Abbildung Seite	–	55	56	56

Baureihe	Dim	110 110¹ und 110³	112	116 116 001–010
Bauart	–	Bo' Bo'	Bo' Bo'	1' Do 1'
Stromsystem	Hz/kV	16 ⅔/15	16 ⅔/15	16 ⅔/15
Höchstgeschwindigkeit	km/h	150	160	120
Stundenleistung	kW	3700	3700	2340
bei Geschwindigkeit	km/h	120	132	88
Dauerleistung	kW	3620	3620	2020
bei Geschwindigkeit	km/h	123	131	94
Anfahrzugkraft max.	Mp	28,0	27,5	14,5
Stundenzugkraft	Mp	11,25	10,25	9,76
Dauerzugkraft	Mp	10,9	9,9	7,88
Treibrad-Ø, neu	mm	1250	1250	1640
Laufrad-Ø, neu	mm	–	–	1000
Dienstgewicht	Mp	85/86	85/86	110,8
Lokreibungslast	Mp	85/86	85/86	80,2
Achslast max.	Mp	21,6/21,5	21,25/21,5	20,0
Bremsgewicht P	Mp	84/85	84/85	98
Länge über Puffer	mm	16 490/16 440	16 490/16 440	16 300
Befahrbarer Bogenhalbmesser	m	100	100	180
Befahrbarer Ablaufberghalbmesser	m	200	200	400
Antriebsart	–	SSW-GR	SSW-GR	BBC-Buchli
Antriebsfederung	–	Gummi-Segm.	Gummi-Segm.	–
Achslager	–	Pendelrollen	Pendelrollen	Gleitlager
Bremse	–	K-GPR m Z	K-GPR m Z	K-GP m Z
Bremskraftübertragung	–	Kl	Kl	Kl
Handbremse	–	Sp	Sp	Sp
Elektrische Bremse	–	FGW	FGW	–
Stromabnehmer	–	2 x DBS 54	2 x DBS 54	2 x DBS 54
Hauptschalter	–	DS	DS	Ö
Typ	–	DBTF 20 i 200	DBTF 20 i 200	BO
Transformator	–	WFR 1193 v/15	WFR 1193 v/15	TEUDB spez.
Gewicht	kp	11 600	11 850	8240
Nennleistung	kW	4040	4040	1750
Fahrmotoren	–	4 x WB 372–22	4 x WB 372–22	4 x ELM 86/12 l
Höchstdrehzahl	U/min	1385	1340	1050
Motorgewicht	kp	3940	3940	6130
Kühlung	–	F	F	F
Fahrmotorsteuerung	–	Ho, Nachl.	Ho, Nachl.	Schl
Schaltwerkantrieb	–	EM,H	EM,H	H
Zahl der Fahrstufen	–	28	28	18
1. Baujahr	–	1957	1962	1926
Hersteller, mech./elektr. Teil	–	KM/SSW	KM/SSW	KM/BBC
Abbildung Seite	–	57/58	59	60

Baureihe	Dim	116 116 014–017	116 116 018–021	117
Bauart	–	1' Do 1'	1' Do 1'	1' Do 1'
Stromsystem	Hz/kV	16 ⅔/15	16 ⅔/15	16 ⅔/15
Höchstgeschwindigkeit	km/h	120	120	120
Stundenleistung	kW	2580	2944	2800
bei Geschwindigkeit	km/h	84,5	83,4	89
Dauerleistung	kW	2400	2655	2300
bei Geschwindigkeit	km/h	88	88	97
Anfahrzugkraft max.	Mp	20,0	20,0	24,0
Stundenzugkraft	Mp	11,1	13,0	11,52
Dauerzugkraft	Mp	10,0	11,07	8,7
Treibrad-Ø, neu	mm	1640	1640	1600
Laufrad-Ø, neu	mm	1000	1000	1000
Dienstgewicht	Mp	110,8	110,8	112
Lokreibungslast	Mp	80,2	80,2	81
Achslast max.	Mp	20,0	20,0	20,2
Bremsgewicht P	Mp	98	92	115
Länge über Puffer	mm	16 300	16 300	15 950
Befahrbarer Bogenhalbmesser	m	180	190	140
Befahrbarer Ablaufberghalbmesser	m	400	400	400
Antriebsart	–	BBC-Buchli	BBC-Buchli	Federtopf
Antriebsfederung	–	–	–	Federtopf
Achslager	–	Gleitlager	Gleitlager	Isothermos
Bremse	–	K-GP m Z	K-GP m Z	K-GP m Z
Bremskraftübertragung	–	Kl	Kl	Kl
Handbremse	–	Sp	Sp	Sp
Elektrische Bremse	–	–	–	–
Stromabnehmer	–	2 x DBS 54	2 x DBS 54	2 x SBS 10
Hauptschalter	–	Ö	Ö	Ö
Typ	–	BO	BO	BO
Transformator	–	TEUDB spez.	TEUDB 46 spez.	ELT 9
Gewicht	kp	8240	11 100	11 200
Nennleistung	kW	1750	1980	1875
Fahrmotoren	–	4 x ELM 86/12 II	4 x ELM 86/12 IV	4 x ELM 9/9
Höchstdrehzahl	U/min	1050	1050	2100
Motorgewicht	kp	6130	6080	5647
Kühlung	–	F	F	F
Fahrmotorsteuerung	–	Schl	Schl	Schü/WS
Schaltwerkantrieb	–	H	H	elm
Zahl der Fahrstufen	–	18	18	21
1. Baujahr	–	1928	1932	1928
Hersteller, mech./elektr. Teil	–	KM/BBC	KM/BBC	AEG/Wasseg
Abbildung Seite	–	60/61	61	62

Baureihe	Dim	118	119 119 001–002	119 119 011–012
Bauart	–	1' Do 1'	1' Do 1'	1' Do 1'
Stromsystem	Hz/kV	16 ⅔/15	16 ⅔/15	16 ⅔/15
Höchstgeschwindigkeit	km/h	140	140	140
Stundenleistung	kW	3040	3850	3660
bei Geschwindigkeit	km/h	117	140	140
Dauerleistung	kW	2840	3590	3170
bei Geschwindigkeit	km/h	122	140	140
Anfahrzugkraft max.	Mp	21,0	22,4	21,2
Stundenzugkraft	Mp	9,55	8,15	8,16
Dauerzugkraft	Mp	8,54	7,85	6,71
Treibrad-Ø, neu	mm	1600	1600	1600
Laufrad-Ø, neu	mm	1000	1100	1100
Dienstgewicht	Mp	108	113	113
Lokreibungslast	Mp	78	81	81
Achslast max.	Mp	19,5	20,2	20,2
Bremsgewicht P	Mp	89 (107)	100	100
Länge über Puffer	mm	16920	16920	16920
Befahrbarer Bogenhalbmesser	m	180	180	180
Befahrbarer Ablaufberghalbmesser	m	400	400	400
Antriebsart	–	Federtopf	Federtopf	Federtopf
Antriebsfederung	–	Federtopf	Federtopf	Federtopf
Achslager	–	Isothermos	Isothermos	Isothermos
Bremse	–	Hik-GPR m Z	Hik-GPR m Z	Hik-GPR m Z
Bremskraftübertragung	–	Kl	Kl	Kl
Handbremse	–	Sp	Sp	Sp
Elektrische Bremse	–	–	FGW	FGW
Stromabnehmer	–	2 x DBS 54	2 x DBS 54	2 x DBS 54
Hauptschalter	–	DG	DG	EX
Typ	–	APB 102–104	APB 103	R 628
Transformator	–	BLT 104	BLT 112	WBT 805 al u. Cu
Gewicht	kp	8090	9730	9200/12100
Nennleistung	kW	2500	3100	3500
Fahrmotoren	–	4 x EKB 860	4 x EKB 1000	4 x WBDM 265
Höchstdrehzahl	U/min	1330	905	1644
Motorgewicht	kp	4900	5598	5635
Kühlung	–	F	F	F
Fahrmotorsteuerung	–	No (Fein), +/–	No (Fein), +/–	No (Fein), +/–
Schaltwerkantrieb	–	EM	EM	EM
Zahl der Fahrstufen	–	15	20	15
1. Baujahr	–	1935	1939	1940
Hersteller, mech./elektr. Teil	–	AEG/AEG	AEG/AEG	HW/SSW
Abbildung Seite	–	63	64/65	64

Baureihe	Dim	132	139	140
Bauart	–	1' C 1'	Bo' Bo'	Bo' Bo'
Stromsystem	Hz/kV	16 ⅔/15	16 ⅔/15	16 ⅔/15
Höchstgeschwindigkeit	km/h	75/90	110	110
Stundenleistung	kW	1170	3700	3700
bei Geschwindigkeit	km/h	60/73	87,6	87,6
Dauerleistung	kW	1010	3620	3620
bei Geschwindigkeit	km/h	64/78	90	90
Anfahrzugkraft max.	Mp	10,7/8,850	33,0	33,0
Stundenzugkraft	Mp	7,18/5,89	16,7	16,7
Dauerzugkraft	Mp	5,8/4,75	14,14	14,14
Treibrad-Ø, neu	mm	1400	1250	1250
Laufrad-Ø, neu	mm	850	–	–
Dienstgewicht	Mp	85	86	83
Lokreibungslast	Mp	56	86	83
Achslast max.	Mp	18,7	21,5	20,75
Bremsgewicht P	Mp	56	74 (66)	76
Länge über Puffer	mm	13010	16490	16490
Befahrbarer Bogenhalbmesser	m	180	100	100
Befahrbarer Ablaufberghalbmesser	m	300	200	200
Antriebs	–	Stangen	SSW-GR	SSW-GR
Antriebsfederung	–	Kleinrad	Gummi-Segm.	Gummi-Segm.
Achslager	–	Gleitlager	Pendelrollen	Pendelrollen
Bremse	–	K-GP m Z	K-GP m Z	K-GP m Z
Bremskraftübertragung	–	Kl	Kl	Kl
Handbremse	–	Sp	Sp	Sp
Elektrische Bremse	–	–	FGM	–
Stromabnehmer	–	2 x SBS 10	2 x DBS 54	2 x DBS 54
Hauptschalter	–	Ö	DS	DS
Typ	–	BO	DBTF 20 i 200	DBTF 20 i 200
Transformator	–	TEUDB spez.	WFR 1193 v/15	WFR 1193 v/15
Gewicht	kp	6615	11850	11850
Nennleistung	kW	875	4040	4040
Fahrmotoren	–	2 x ELM 86/12	4 x WB 372–22	4 x WB 372–22
Höchstdrehzahl	U/min	960/948	1270	1270
Motorgewicht	kp	5850	3940	3940
Kühlung	–	F	F	F
Fahrmotorsteuerung	–	Schl	Ho, Nachl.	Ho, Nachl.
Schaltwerkantrieb	–	H	EM,H	EM,H
Zahl der Fahrstufen	–	13	28	28
1. Baujahr	–	1924/25	1959	1957
Hersteller, mech./elektr. Teil	–	M/BBC	KM/SSW	KM/SSW
Abbildung Seite	–	66	66	68/69

Baureihe	Dim	141	144	144[5] 144 502–505
Bauart	–	Bo' Bo'	Bo' Bo'	Bo' Bo'
Stromsystem	Hz/kV	16 ⅔/15	16 ⅔/15	16 ⅔/15
Höchstgeschwindigkeit	km/h	120	90	80
Stundenleistung	kW	2400	2120/2200	1600
bei Geschwindigkeit	km/h	97,8	83,5/76	71
Dauerleistung	kW	2300	1830/1860	1430
bei Geschwindigkeit	km/h	103	90/86	74
Anfahrzugkraft max.	Mp	22,0	20,0/20,0	24,0
Stundenzugkraft	Mp	11,7	9,33/10,625	8,28
Dauerzugkraft	Mp	11,0	7,45/7,95	7,05
Treibrad-Ø, neu	mm	1250	1250	1250
Laufrad-Ø, neu	mm	–	–	–
Dienstgewicht	Mp	66/67	79/78	79
Lokreibungslast	Mp	66/67	79/78	79
Achslast max.	Mp	16,5/16,8	19,8/19,5	19,8
Bremsgewicht P	Mp	62/70	78	58
Länge über Puffer	mm	15 660	15 290	13 520
Befahrbarer Bogenhalbmesser	m	100	140	140
Befahrbarer Ablaufberghalbmesser	m	200	200	200
Antriebsart	–	SSW-GR	Tatzlager	Tatzlager
Antriebsfederung	–	Gummi-Segm.	–	–
Achslager	–	Pendelrollen	Isothermos	Isothermos
Bremse	–	K-GP m Z	K-GP m Z	K-GP m Z
Bremskraftübertragung	–	Kl	Kl	Kl
Handbremse	–	Sp	Sp	Sp
Elektrische Bremse	–	–	–	–
Stromabnehmer	–	2 x DBS 54	2 x SBS 10	2 x SBS 10
Hauptschalter	–	DS	Ö/Ex	Ö
Typ	–	DBTF 20 i 200	Bo/R 618	BO
Transformator	–	TUDB m 2210	WBT 591/WBT 590	BLT 101
Gewicht	kp	8380	7730/7370	8025
Nennleistung	kW	2130	1950/1450	1385
Fahrmotoren	–	4 x ABEM 6651	4 x WBM 380/ WBM 380a	4 x EKB 704
Höchstdrehzahl	U/min	1900	1960/1830	1484
Motorgewicht	kp	2600	3476/3760	3700
Kühlung	–	E + F	F	F
Fahrmotorsteuerung	–	StL, Nachl.	Schü/No (Fein)	No (Fein)
Schaltwerkantrieb	–	EM,H	H	H
Zahl der Fahrstufen	–	28	19/15	15
1. Baujahr	–	1956	1931/33	1933
Hersteller, mech./elektr. Teil	–	HW/BBC	SSW/SSW HW/SSW	BMAG/AEG
Abbildung Seite	–	70	71	72

Baureihe	Dim	144[5] 144 506-509	145	150
Bauart	–	Bo' Bo'	Bo' Bo'	Co' Co'
Stromsystem	Hz/kV	16⅔/15	16⅔/15	16⅔/15
Höchstgeschwindigkeit	km/h	80/90	90	100
Stundenleistung	kW	2200	2200	4500
bei Geschwindigkeit	km/h	63,5/68	76	80
Dauerleistung	kW	2000	1860	4440
bei Geschwindigkeit	km/h	67/72	86	81
Anfahrzugkraft max.	Mp	26,4/24,0	20,0	45,0
Stundenzugkraft	Mp	12,3/11,88	10,625	21,0
Dauerzugkraft	Mp	10,96/10,4	7,95	20,2
Treibrad-Ø, neu	mm	1250	1250	1250
Laufrad-Ø, neu	mm	–	–	–
Dienstgewicht	Mp	79,6/79,1	78	126/128
Lokreibungslast	Mp	79,6/79,1	78	126/128
Achslast max.	Mp	19,9/19,8	19,5	21,0/21,4
Bremsgewicht P	Mp	65	78	121
Länge über Puffer	mm	1430	15 290	19 490
Befahrbarer Bogenhalbmesser	m	140	140	140
Befahrbarer Ablaufberghalbmesser	m	200	200	200
Antriebsart	–	Tatzlager	Tatzlager	Tatzlager bzw. SSW-GR
Antriebsfederung	–	–	–	Gummi-Segm.
Achslager	–	Isothermos	Isothermos	Pendelrollen
Bremse	–	K-GP m Z	K-GP m Z	K-GP m Z
Bremskraftübertragung	–	Kl	Kl	Kl
Handbremse	–	Sp	Sp	Sp
Elektrische Bremse	–	–	FWW	FGW
Stromabnehmer	–	2 x SBS 10	2 x SBS 39	2 x DBS 54
Hauptschalter	–	Ö	Ex	DS
Typ	–	BO	R 628	DBTF 20 i 200
Transformator	–	BLT 103	WBT 655 al	BLTH 116
Gewicht	kp	6225	7200	17 600
Nennleistung	kW	1440	2000	4900
Fahrmotoren	–	4 x EKB 725	4 x WBM 380 A	6 x EKB 760 T/ 760 G
Höchstdrehzahl	U/m n	1562	1830	1635
Motorgewicht	kp	3950	3740	3550/3328
Kühlung	–	F	F	E u. F
Fahrmotorsteuerung	–	No (Fein)	No (Fein)	Ho, Nachl.
Schaltwerkantrieb	–	H	H	EM, H
Zahl der Fahrstufen	–	15	15	28
1. Baujahr	–	1934/35	1943	1957
Hersteller, mech./elektr. Teil	–	AEG/AEG	HW/SSW	FK/AEG
Abbildung Seite	–	73	74	75

Baureihe	Dim	151	152	160
Bauart	–	Co' Co'	2' B B 2'	1' C
Stromsystem	Hz/kV	16 ⅔/15	16 ⅔/15	16⅔/15
Höchstgeschwindigkeit	km/h	120	90	55
Stundenleistung	kW	6900	2200	1074
bei Geschwindigkeit	km/h	100	62,5	38
Dauerleistung	kW	6470	1660	830
bei Geschwindigkeit	km/h	103	76,0	48
Anfahrzugkraft max.	Mp	45,0	20,0	15,3
Stundenzugkraft	Mp	25,2	12,9	10,38
Dauerzugkraft	Mp	23,0	8,0	6,55
Treibrad–Ø, neu	mm	1250	1400	1250
Laufrad–Ø, neu	mm	–	850	850
Dienstgewicht	Mp	126	140,0	72,5
Lokreibungslast	Mp	126	78,0	57,9
Achslast max.	Mp	21	19,6	19,3
Bremsgewicht P	Mp	–	113	68
Länge über Puffer	mm	19 490	17 210	11 100
Befahrbarer Bogenhalbmesser	m	140	180	140
Befahrbarer Ablaufberghalbmesser	m	200	800	300
Antriebsart	–	SSW-GR	Stangen	Stangen
Antriebsfederung	–	Gummi-Segm.	Kleinrad	Kleinrad
Achslager	–	Zylinderrollen	Gleitlager	Gleitlager
Bremse	–	KE-GPP$_2$E m Z	K-GP m Z	K-GP m Z
Bremskraftübertragung	–	Gestänge	Kl	Kl
Handbremse	–	Sp	Sp	Sp
Elektrische Bremse	–	FGW	–	–
Stromabnehmer	–	2 x DBS 54	2 x SBS 10	1 x SBS 10
Hauptschalter	–	DS	Ö	Hochsp. Sich.
Typ	–	DBTF 20 i 200	BO	–
Transformator	–	EFPT 7042.151	ELT 2	BT 180/580
Gewicht	kp	15 350	13 350	6 050
Nennleistung	kW	6325	1720	730
Fahrmotoren	–	6 x WB 372–22f	2 x ELM 4/4	1 x ELM 3/3
Höchstdrehzahl	U/min	1385	1010	980
Motorgewicht	kp	3940	16 000	16 200
Kühlung	–	F	F	F
Fahrmotorsteuerung	–	Hochspannungs-Stufensteuerung mit Thyristorlastschalter	Schü, WS	Schü, WS
Schaltwerkantrieb	–	EM	elm	elm
Zahl der Fahrstufen	–	28	19	14
1. Baujahr	–	1972	1925	1934
Hersteller, mech./elektr. Teil	–	KRUPP/AEG	KM/Wasseg	AEG/AEG
Abbildung Seite	–	76	77	78

Baureihe	Dim	163 163 001–004/008	163 163 005–007	169 169 002
Bauart	–	C	C	Bo
Stromsystem	Hz/kV	16 ⅔/15	16 ⅔/15	16 ⅔/15
Höchstgeschwindigkeit	km/h	45	50	50
Stundenleistung	kW	725	710	352
bei Geschwindigkeit	km/h	35	34,7	33
Dauerleistung	kW	667	650	306
bei Geschwindigkeit	km/h	37	36	37
Anfahrzugkraft max.	Mp	17,0	12,0	8,4
Stundenzugkraft	Mp	7,6	7,5	4,3
Dauerzugkraft	Mp	6,7	6,53	3,4
Treibrad-Ø, neu	mm	1250	1250	1000
Laufrad-Ø, neu	mm	–	–	–
Dienstgewicht	Mp	53,1	51,4	25,5
Lokreibungslast	Mp	53,1	51,4	25,5
Achslast max.	Mp	17,7	17,4	12,8
Bremsgewicht P	Mp	41	41	18
Länge über Puffer	mm	10 200	10 200	7350
Befahrbarer Bogenhalbmesser	m	140	140	100
Befahrbarer Ablaufberghalbmesser	m	200	200	200
Antriebsart	–	Stangen	Stangen	Tatzlager
Antriebsfederung	–	Kleinräder	Kleinräder	–
Achslager	–	Gleitlager	Gleitlager	Gleitlager
Bremse	–	K-GP m Z	K-GP m Z	W-P m Z
Bremskraftübertragung	–	Kl	Kl	Kl
Handbremse	–	Sp	Sp	Wh
Elektrische Bremse	–	–	–	–
Stromabnehmer	–	1 x SBS 10	1 x SBS 10	1 x SBS 10
Hauptschalter	–	Hochsp. Sich	Hochsp. Sich.	Hochsp. Sich.
Typ	–	–	–	–
Transformator	–	BLT 106	TRB 766 V	OSTRB 30
Gewicht	kp	3 685	4 570	2 895
Nennleistung	kW	600	500	324/404
Fahrmotoren	–	1 x EKB 860/1	1 x ELM 86/12	2 x EDTM 494/V
Höchstdrehzahl	U/min	1270	1110	1334
Motorgewicht	kp	5 300	5 980	2250
Kühlung	–	F	F	E
Fahrmotorsteuerung	–	No, +/–	No, +/–	No
Schaltwerkantrieb	–	EM	Drm	H
Zahl der Fahrstufen	–	14	13	12
1. Baujahr	–	1935/40	1936	1909/55
Hersteller, mech./elektr. Teil	–	AEG/AEG	KM/BBC	KM/BBC
Abbildung Seite	–	79	79	80

Baureihe	Dim	169 169 003	169 169 004	169 169 005
Bauart		Bo	Bo	Bo
Stromsystem	(Hz/kV)	16 ⅔/15	16 ⅔/15	16 ⅔/15
Höchstgeschwindigkeit	km/h	50	50	50
Stundenleistung	kW	352	352	605
bei Geschwindigkeit	km/h	33	33	35,8
Dauerleistung	kW	306	306	565
bei Geschwindigkeit	km/h	37	37	37
Anfahrzugkraft max.	Mp	8,4	7,0	9,5
Stundenzugkraft	Mp	4,3	3,78	6,16
Dauerzugkraft	Mp	3,4	3,11	5,6
Treibrad−∅, neu	mm	1000	1000	1000
Laufrad-∅, neu	mm	–	–	–
Dienstgewicht	Mp	26,0	26,0	32,0
Lokreibungslast	Mp	26,0	26,0	32,0
Achslast max.	Mp	12,8	12,8	16,0
Bremsgewicht P	Mp	18	18	22,5
Länge über Puffer	mm	7350	7750	8700
Befahrbarer Bogenhalbmesser	m	100	100	100
Befahrbarer Ablaufberghalbmesser	m	200	200	200
Antriebsart	–	Tatzlager	Tatzlager	Tatzlager
Antriebsfederung	–	–	–	–
Achslager	–	Gleitlager	Gleitlager	Gleitlager
Bremse	–	W-P m Z	W-P m Z	W-P m Z
Bremskraftübertragung	–	Kl	Kl	Kl
Handbremse	–	Wh	Wh	Wh
Elektrische Bremse	–	–	–	–
Stromabnehmer	–	1 x SBS 10	1 x SBS 10	1 x SBS 10
Hauptschalter	–	Hochsp. Sich.	Hochsp. Sich.	Hochsp. Sich.
Typ	–	–	–	–
Transformator	–	OSTRB 30	TRB spez.	WBT 415
Gewicht	kp	2 895	3 115	3 636
Nennleistung	kW	324/404	410	470/530
Fahrmotoren	–	2 x EDTM 4	2 x EDTM 4	2 x WBM 295
Höchstdrehzahl	U/min	1405	1405	1480
Motorgewicht	kp	3000	3000	2940
Kühlung	–	E	E	E
Fahrmotorsteuerung	–	No	Schü, WS	No
Schaltwerkantrieb	–	H	elm	H
Zahl der Fahrstufen	–	12	7	12
1. Baujahr	–	1913/55	1922/55	1930/55
Hersteller, mech./elektr. Teil	–	KM/BBC	KM/SSW	Maffei/SSW
Abbildung Seite	–	80	81	81

Baureihe	Dim	175	181	182 182 001
Bauart	–	1' B B 1'	Bo' Bo'	Bo' Bo'
Stromsystem	Hz/kV	16 ⅔/15	16 ⅔ u. 50/15 u. 25	16 ⅔ u. 50/15 u. 25
Höchstgeschwindigkeit	km/h	70	150	120
Stundenleistung	kW	1880	3240	2760
bei Geschwindigkeit	km/h	44	88,5	70,4
Dauerleistung	kW	1600	3000	2340
bei Geschwindigkeit	km/h	46	91	72,5
Anfahrzugkraft max.	Mp	24,0	28,0	30,6
Stundenzugkraft	Mp	15,2	13,4	14,4
Dauerzugkraft	Mp	12,4	12,2	12,2
Treibrad-Ø, neu	mm	1400	1250	1250
Laufrad-Ø, neu	mm	1000	–	–
Dienstgewicht	Mp	106,2	84,0	82,0
Lokreibungslast	Mp	78,8	84,0	82,0
Achslast max.	Mp	19,7	21,0	20,5
Bremsgewicht P	Mp	75	–	94
Länge über Puffer	mm	15 380	16 950	16 440
Befahrbarer Bogenhalbmesser	m	180	100	100
Befahrbarer Ablaufberghalbmesser	m	400	200	200
Antriebsart	–	Stangen	SSW-GK	Tatzlager
Antriebsfederung	–	Kleinrad	Gummielemente	–
Achslager	–	Gleitlager	Zylinderrollen	Pendelrollen
Bremse	–	K-GP m Z	KE-GPR m Z	KE-GP m Z
Bremskraftübertragung	–	Kl	Kl	Kl
Handbremse	–	Sp	Sp	Sp
Elektrische Bremse	–	–	FGW/Nb	FGW
Stromabnehmer	–	2 x SBS 10	2 x SBS 66/25	1 x DBS 58 D 1 x DBS 58 S
Hauptschalter	–	Ö	DS	DS
Typ	–	BO	DBTF 30 i 250	DBTF 30 i 250
Transformator	–	BT 1501	BLT 122	BLT 119
Gewicht	kp	12 000	9 700	12 750
Nennleistung	kW	1500	3300	2660
Fahrmotoren	–	2 x BMS 700	4 x UZ 116 64 h	4 x SAB 570
Höchstdrehzahl	U/min	720	2080	2080
Motorgewicht	kp	12 030	3150	3200
Kühlung	–	F	F	F
Fahrmotorsteuerung	–	No (Fein)	Thyristor-Anschnitt- steuerung	StL, Nachl, +/−
Schaltwerkantrieb	–	H	–	elhy
Zahl der Fahrstufen	–	13	stufenlos	40/24
1. Baujahr	–	1928/31	1968	1960
Hersteller, mech./elektr. Teil	–	Maffei/BMS	Krupp/AEG	FK/AEG
Abbildung Seite	–	82	83	84

Baureihe	Dim	182 182 011	182 182 021	184
Bauart	–	Bo' Bo'	Bo' Bo'	Bo' Bo'
Stromsystem	Hz/kV	16 ⅔ u. 50/15 u. 25	16 ⅔ u. 50/15 u. 25	16⅔ u. 50/15 u. 25, = 1,5/3,0
Höchstgeschwindigkeit	km/h	120	120	150
Stundenleistung	kW	2488	2520	3240/3300
bei Geschwindigkeit	km/h	56,8	67	88,5/84
Dauerleistung	kW	2320	2240	3000/3100
bei Geschwindigkeit	km/h	70	65	91/90
Anfahrzugkraft max.	Mp	28,0	28,0	28,0
Stundenzugkraft	Mp	16,1	13,8	13,4
Dauerzugkraft	Mp	13,5	11,6	11,8
Treibrad-Ø, neu	mm	1250	1250	1250
Laufrad-Ø, neu	mm	–	–	–
Dienstgewicht	Mp	81,5	83,7	84,0
Lokreibungslast	Mp	81,5	83,7	84,0
Achslast max.	Mp	20,5	21,0	21,0
Bremsgewicht P	Mp	94	94	–
Länge über Puffer	mm	16 440	16 440	16 950
Befahrbarer Bogenhalbmesser	m	100	100	100
Befahrbarer Ablaufberghalbmesser	m	200	200	200
Antriebsart	–	Tatzlager	Tatzlager	SSW-GK
Antriebsfederung	–	–	–	Gummielemente
Achslager	–	Pendelrollen	Pendelrollen	Zylinderrollen
Bremse	–	KE-GP m Z	KE-GP m Z	KE-GPR m Z
Bremskraftübertragung	–	Kl	Kl	Kl
Handbremse	–	Sp	Sp	Sp
Elektrische Bremse	–	FGW	FGW	FGW
Stromabnehmer	–	1 x DBS 58 D, 1 x DBS 58 S	1 x DBS 58 D, 1 x DBS 58 S	4 x SBS 66/25
Hauptschalter	–	DS	DS	DS u. GEA/Rapid
Typ	–	DBTF 30 i 250	DBTF 30 i 250	DBTF 30 i 250 u. S 2002
Transformator	–	TUDB m 3160	WFR 1123f/25	BLT 121 a/TL FA 3380
Gewicht	kp	10 500	11 700	9 700/9 100
Nennleistung	kW	3090	3300/2800	3000/3280
Fahrmotoren	–	4 x SAB 570	4 x SAB 570	4 x UZ 116 64h MBg 810
Höchstdrehzahl	U/min	2080	2080	2080/1825
Motorgewicht	kp	3200	3200	3150/3770
Kühlung	–	F	F	F
Fahrmotorsteuerung	–	Ho, Nachl	Ho, Nachl	Thyristor-Anschnitt-steuerung/Schützenst. ü. Anfahrwiderstände
Schaltwerkantrieb	–	LM,H	EM,H	–
Zahl der Fahrstufen	–	32	39/27	Stufenlos
1. Baujahr	–	1960	1960	1968
Hersteller, mech./elektr. Teil	–	HW/BBC	KM/SSW	AEG/Krupp/BBC
Abbildung Seite	–	84	85	86

Baureihe	Dim	191 191/191[9]	193	194 194 012–161
Bauart	–	C' C'	Co' Co'	Co' Co'
Stromsystem	Hz/‹V	16 ⅔/15	16 ⅔/15	16 ⅔/15
Höchstgeschwindigkeit	km/h	55	70	90
Stundenleistung	kW	2200	2502	3240
bei Geschwindigkeit	km/h	39	57	74,5
Dauerleistung	kW	1660	2214	3090
bei Geschwindigkeit	km/h	48	62	77
Anfahrzugkraft max.	Mp	30,0	36,0	41,0
Stundenzugkraft	Mp	20,0	19,8	17,8
Dauerzugkraft	Mp	12,5	16,0	15,5
Treibrad–Ø neu	mm	1250	1250	1250
Laufrad-Ø, neu	mm	–	–	–
Dienstgewicht	Mp	123,7/116,4	117,2/117,6	118,5
Lokreibungslast	Mp	123,7/116,4	117,2/117,6	118,5
Achslast max.	Mp	20,7/19,6	19,6/19,7	19,7
Bremsgewicht P	Mp	75/62	105	122
Länge über Puffer	mm	16 700/17 300	17 700	18 600
Befahrbarer Bogenhalbmesser	m	180	150	180
Befahrbarer Ablaufberghalbmesser	m	200	200	200
Antriebsart	–	Stangen	Tatzlager	Tatzlager
Antriebsfederung	–	Kleinrad	–	–
Achslager	–	Gleitlager	Isothermos	Isothermos
Bremse	–	K-GP m Z	K-GP m Z	K-GP m Z
Bremskraftübertragung	–	Kl	Kl	Kl
Handbremse	–	Sp	Sp	Sp
Elektrische Bremse	–	-	–	FWW
Stromabnehmer	–	2 x SBS 10	2 x SBS 10	2 x SBS 39
Hauptschalter	–	Ö	Ö	DG oder Ex
Typ	–	BO	BO	APB 104 od. R 628
Transformator	–	ETL 2/ETL 8	BLT 102/BLT 107	ELT 13 oder ELT 13 al
Gewicht	kp	15 195/12 300	7 100/7 390	9130/8650
Nennleistung	kW	1720/2050	1680	3060/3200
Fahrmotoren	–	2 x ELM 3/3 2 x ELM 31/31	6 x EKB 620	6 x EKB 725 a
Höchstdrehzahl	U/min	980	1650	1562
Motorgewicht	kp	16 200/13 900	3600	3890
Kühlung	–	F	F	F
Fahrmotorsteuerung	–	Schü, WS	No (Fein)	No (Fein)
Schaltwerkantrieb	–	elpn/elm	H	H
Zahl der Fahrstufen	–	19	15	18
1. Baujahr	–	1925/29	1933/35	1940/52
Hersteller, mech./elektr. Teil	–	KM/Wasseg	AEG/AEG	AEG/AEG
Abbildung Seite	–	87	88	89

Baureihe	Dim	194 194 541–542	194 194 178–196	194 194 562–585
Bauart	–	Co' Co'	Co' Co'	Co' Co'
Stromsystem	Hz/kV	16 ⅔/15	16 ⅔/15	16 ⅔/15
Höchstgeschwindigkeit	km/h	100	90	100
Stundenleistung	kW	4680	3240	4680
bei Geschwindigkeit	km/h	68	74,5	68
Dauerleistung	kW	4440	3090	4440
bei Geschwindigkeit	km/h	70	77	70
Anfahrzugkraft max.	Mp	41,0	41,0	40,0
Stundenzugkraft	Mp	–	–	–
Dauerzugkraft	Mp	–	–	–
Treibrad-Ø, neu	mm	1250	1250	1250
Laufrad-Ø, neu	mm	–	–	–
Dienstgewicht	Mp	122,0	123,0	123
Lokreibungslast	Mp	122,0	123,0	123
Achslast max.	Mp	20,3	20,5	20,5
Bremsgewicht P	Mp	122	122	122
Länge über Puffer	mm	18 600	18 600	18 600
Befahrbarer Bogenhalbmesser	m	180	180	180
Befahrbarer Ablaufberghalbmesser	m	200	200	200
Antriebsart	–	Tatzlager	Tatzlager	Tatzlager
Antriebsfederung	–	–	–	–
	–			
Achslager	–	Isothermos	Isothermos	Isothermos
	–			
Bremse	–	K-GP m Z	K-GP m Z	K-GP m Z
Bremskraftübertragung	–	Kl	Kl	Kl
Handbremse	–	Sp	Sp	Sp
Elektrische Bremse	–	–	FWW	FWW
Stromabnehmer	–	2 x SBS 39	2 x SBS 39	2 x SBS 39
Hauptschalter	–	Ex	DG	DG
Typ	–	R 628	APB 104 oder AP 1/1	APB 104 oder AP 1/1
Transformator	–	TUDB z 4000	ELT 13/II	ELT 13/II
Gewicht	kp	15 715	10 500	10 750
Nennleistung	kW	4000	3100	3025
Fahrmotoren	–	6 x WBM 487	EKB 725 a	6 x WBM 487
Höchstdrehzahl	U/min	1566	1566	1566
Motorgewicht	kp	–	3890	3780
Kühlung	–	F	F	F
Fahrmotorsteuerung	–	BBC Ho, Nachl	No (Fein)	No (Fein)
Schaltwerkantrieb	–	EM,H	H	H
Zahl der Fahrstufen	–	28	18	18
1. Baujahr	–	1952/53	1954/56	1954/56
Hersteller, mech./elektr. Teil	–	KM/BBC	FK/AEG	HW/SSW
Abbildung Seite	–	89	89	89

Baureihe	Dim	194 194 570–571
Bauart	–	Co' Co'
Stromsystem	Hz/kV	16 ⅔/15
Höchstgeschwindigkeit	km/h	100
Stundenleistung	kW	4680
bei Geschwindigkeit	km/h	68
Dauerleistung	kW	4440
bei Geschwindigkeit	km/h	70
Anfahrzugkraft max.	Mp	40,0
Stundenzugkraft	Mp	–
Dauerzugkraft	Mp	–
Treibrad-Ø, neu	mm	1250
Laufrad-Ø, neu	mm	–
Dienstgewicht	Mp	119
Lokreibungslast	Mp	119
Achslast max.	Mp	19,8
Bremsgewicht P	Mp	122
Länge über Puffer	mm	18 600
Befahrbarer Bogenhalbmesser	m	180
Befahrbarer Ablaufberghalbmesser	m	200
Antriebsart	–	Tatzlager
Antriebsfederung	–	–
Achslager	–	Isothermos
Bremse	–	K-GP m Z
Bremskraftübertragung	–	Kl
Handbremse	–	Sp
Elektrische Bremse	–	–
Stromabnehmer	–	2 x SBS 39
Hauptschalter	–	DG oder Ex
Typ	–	APB 104 oder H 638
Transformator	–	WFR 1233 v/20
	–	
Gewicht	kp	14 500
Nennleistung	kW	4900
Fahrmotoren	–	6 x WBM 487
Höchstdrehzahl	U/min	1566
Motorgewicht	kp	3780
Kühlung	–	F
Fahrmotorsteuerung	–	SSW Ho, Nachl.
Schaltwerkantrieb	–	EM,H
Zahl der Fahrstufen	–	28
1. Baujahr	–	1954/55
Hersteller, mech./elektr. Teil	–	KM/SSW
Abbildung Seite	–	89

III. DIESELLOKOMOTIVEN DER DB

1. DIESELLOKOMOTIVBESTAND DER DB (REGELSPUR)

Baureihe	Bestand am 1. 2. 1972	Standorte (Heimat – Bwe)*
202	1	Mannheim
210	8	Kempten
211	372	Augsburg, München Hbf, Ulm, etc.
212	371	Kempten, München-Ost, Nürnberg Hbf, etc.
213	10	Gießen
215	150	Düren, Limburg, Mühldorf, etc.
216	224	Braunschweig, Kassel, Trier, etc.
217	15	Regensburg
218	67	Hagen-Eckesey, Hamburg-Altona, Regensburg, etc.
219	1	Kempten
220	86	Hannover, Villingen, Würzburg, etc.
221	50	Kempten, Lübeck, Villingen
230	1	Hamburg-Altona
232	1	Kempten
236	80	München Hbf, Gießen, Frankfurt, etc.
245	2	Bayreuth
260	621	bei fast allen Bwen
261	319	bei fast allen Bwen
265	15	Hamburg-Altona, Lübeck
270	30	Mannheim, Regensburg, Stuttgart, etc.
280	10	Bamberg
288	1	–
290	266	Koblenz, München-Ost, Bremen, etc.
291	3	Bremen-Delmenhorst
	2.704	

Anmerkungen:

202 Dieselelektrische Versuchslokomotive DE 2500 (Henschel-BBC) ist Eigentum der Hersteller und ist im Bw Mannheim für Versuchsfahrten stationiert.

232 Maschine ist Eigentum der Firma Rheinstahl Transporttechnik (Henschel) und wurde von der DB langfristig gemietet.

Sind die aufgeführten Baureihen bei mehr als drei Standorten zu finden, endet die Bw-Reihe mit etc.

2. WICHTIGE KENNDATEN DER DIESELLOKOMOTIVEN

Baureihe	Dim	202	210	211
Bauart	–	Co' Co'	B' B'	B' B'
Art der Kraftübertragung	–	elektrisch	hydr.	hydr.
Länge über Puffer	mm	18 000	16 400	12 100
Gesamtachsabstand	mm	13 600	11 400	8200
Abstand der Drehgestellpunkte	mm	9 600	8 600	6 000
Achsstand Drehgestell	mm	2 000	2800	2200
Treibrad – ø, neu	mm	1 100	11000	950
Befahrbarer Bogenhalbmesser	m		100	100
Befahrbarer Ablaufberghalbmesser	m		200	200
Fahrdieselmotor, Typ	–	V 6 V 23/23 TL	MA 12 V 956 TB 10	MD 12 V 538 TA 10
				MB 12 V 493 TZ 10
Hersteller	–	MAN	MTU	MTU
Leistung bei Drehzahl (nach UIC)	PS bei U/min	2500 bei 1500	2500 bei 1500	1100 bei 1500
Hilfsdieselmotor, Typ	–	–	Gasturbine T 53-L-13 AVCO LYCOMING	AKD 412 Z
Leistung	PS	–	1150	22
Getriebe, Typ	–	–	–	L 216 rs
Hersteller	–	–	–	Voith
Gesamtgewicht	Mp			
Dienstgewicht mit ⅔ Vorräten	Mp	80	79	62
Lokreibungslast	Mp	80	79	62
Achslast max.	Mp	13,3	20,5	16,8
Höchstgeschw., Schnellgang	km/h	140	160	100
Langsamgang	km/h	–	100	65
Anfahrzugkraft max.	Mp	27	16/24	12,8/18
Dauerzugkraft	Mp			
Bremse	–		KE-GPP$_2$R-H m Z	KE-Gp m Z
Bremskraftübertragung	–		Kl	Kl
Handbremse	–		Sp	Sp
Sonstige Bremse	–	elektrische Widerstandsbremse	Hydrodyna. Bremse	–
Steuerung	–		vielfach, el., pneu., Gasturbine elektrisch	el., pneum.
Dieselkraftstoff	l		3320	2270
Heizöl	l		–	560
Kesselspeisewasser	l		–	3000
Sand	kg		400	200
Zugheizung	–	elektr.	elektr.	Dampf
Bauart (Umrichter-Bauart)	–		System AEG	Hagenuk (VH)
Typ (Generator-Typ)	–		1 FA 3269-10 Siemens	OK 4610
Leistung		400 kVA	360 kVA	580 kg/h Dampf
1. Baujahr	–	1971	1970	1958
Hersteller	–	Henschel/BBC	Krupp	Atlas-Mak
Abbildung Seite	–	93	94	95

Baureihe	Dim	212	213	215
Bauart	–	B' B'	B' B'	B' B'
Art der Kraftübertragung	–	hydr.	hydr.	hydr.
Länge über Puffer	mm	12 100/12 300	12 300	16 400
Gesamtachsabstand	mm	8 200	8 200	11 400
Abstand der Drehgestellpunkte	mm	6 000	6 000	8 600
Achsstand Drehgestell	mm	2 200	2 200	2 800
Treibrad – ø, neu	mm	950	950	1 000
Befahrbarer Bogenhalbmesser	m	100	100	100
Befahrbarer Ablaufberghalbmesser	m	200	200	200
Fahrdieselmotor, Typ	–	MB 12 V 652 TA 10 V 6 V 18/21 TL	MB 12 V 562 TA 10	MB 16 V 652 TB 10 V 6 V 23/23 TL
Hersteller	–	MTU/MAN	MTU	MTU
Leistung bei Drehzahl (nach UIC)	PS bei U/min	1350 bei 1500	1350 bei 1500	1900/2400/2150 bei 1500
Hilfsdieselmotor, Typ	–	AKD 412 Z	AKD 412 Z	AKD 412 Z
Leistung	PS	22	22	22
Getriebe, Typ	–	L 216 rs	L 620 Brs	L 820 rs/K 252 SU
Hersteller	–	Voith	Voith	Voith/MTU
Gesamtgewicht	Mp			
Dienstgewicht mit ⅔ Vorräten	Mp	63	63	79/80
Lokreibungslast	Mp	63	63	79/80
Achslast max.	Mp	16,8	16,8	20,4/20,7
Höchstgeschw., Schnellgang	km/h	100	100	130/140
Langsamgang	km/h	65	65	80/90
Anfahrzugkraft max.	Mp	14,4/18	14,4/19	17,0/24,0
Dauerzugkraft	Mp			
Bremse	–	KE-GP m Z	KE-GP-H m Z	KE-GPP$_2$R m Z KE-GPP$_2$R-H m Z
Bremskraftübertragung	–	Kl	Kl	Kl
Handbremse	–	Sp	Sp	Sp
Sonstige Bremse	–	–	Hydrodyn. Bremse	Hydrodyn. Bremse
Steuerung	–	Vielfach, el. pneum.	Vielfach, el. pneum.	Vielfach, el. pneum.
Dieselkraftstoff	l	2270	2270	2700
Heizöl	l	560	560	670
Kesselspeisewasser	l	3000	2820	2800
Sand	kg	200	200	320
Zugheizung	–	Dampf	Dampf	Dampf
Bauart (Umrichter-Bauart)	–	Hagenuk (VH)	Hagenuk (VH)	Hagenuk (VH)
Typ (Generator-Typ)	–	OK 4610	OK 4610	OK 4616
Leistung		580 kg/h Dampf	580 kg/h Dampf	840 kg/h Dampf
1. Baujahr	–	1962	1965	1968
Hersteller	–	Rheinstahl-H	Atlas-Mak	FK
Abbildung Seite	–	96	96	97

Baureihe	Dim	216	217	218
Bauart	–	B' B'	B' B'	B' B'
Art der Kraftübertragung	–	hydr.	hydr.	hydr.
Länge über Puffer	mm	16 000	16 400	16 400
Gesamtachsabstand	mm	11 400	11 400	11 400
Abstand der Drehgestellpunkte	mm	8 600	8 600	8 600
Achsstand Drehgestell	mm	2 800	2 800	2 800
Treibrad – ø, neu	mm	1 000	1 000	1 000
Befahrbarer Bogenhalbmesser	m	100	100	100
Befahrbarer Ablaufberghalbmesser	m	200	200	200
Fahrdieselmotor, Typ	–	MD 16 V 538 TB 10 MB 16 V 652 TB 10	MB 16 V 652 TB 10	V 6 V 23/23 TL MC 12 V 956 TB 10
Hersteller	–	MTU	MTU	MTU
Leistung bei Drehzahl (nach UIC)	PS bei U/min	1900 bei 1500	1900 bei 1500	2500 bei 1500
Hilfsdieselmotor, Typ	–	AKD 2 K 412 Z/Z	D 3650 HM/31 U/3 U	–
Leistung	PS	18	500	–
Getriebe, Typ	–	L 218 rs/L 821 rs	L 820 WS rs/ K 252 SUEW/ K 252 BBUEW	L 820 rs
Hersteller	–	Voith	Voith/MTU	Voith
Gesamtgewicht	Mp			
Dienstgewicht mit ⅔ Vorräten	Mp	74/75,5/76/77	79/80/81,5/79,5	78,5/76,5
Lokreibungslast	Mp	74/75,5/76/77	79/80/81,5/79,5	78,5/76,5
Achslast max.	Mp	19,5/19,75/19,80	20,3/20,7	20,3/20,1
Höchstgeschw., Schnellgang	km/h	120	120	140
Langsamgang	km/h	80	80	90
Anfahrzugkraft max.	Mp	17,0/24,0	17,0/24,0	17,0/24,0
Dauerzugkraft	Mp			
Bremse	–	KE-GPP$_2$ m Z	KE-GPP$_2$ m Z KE-GPP$_2$R m Z	KE-GPP$_2$R-H m Z
Bremskraftübertragung	–	Kl	Kl	Kl
Handbremse	–	Sp	Sp	Sp
Sonstige Bremse	–	–	–	Hydrodyn. Bremse
Steuerung	–	Vielfach, el. pneum.	Vielfach, el. pneum.	Vielfach, el. pneum.
Dieselkraftstoff	l	3160/2980/2750/2700	3330/2750/2780/3150	3150
Heizöl	l	840/880/690/670	–	–
Kesselspeisewasser	l	3000/2850	–	–
Sand	kg	320	320	320
Zugheizung	–	Dampf	elektrisch	elektrisch
Bauart (Umrichter-Bauart)	–	Hagenuk (VH)	AEG/BBC/Siemens System AEG	System AEG
Typ (Generator-Typ)	–	OK 4616	WO 184 bxy/DGT 40/33/4 FA 3264-6/1FA 3269-10 Siemens	1 FA 3269-10 Siemens
Leistung		840 kg/h Dampf	360 kVA	360 kVA
1. Baujahr	–	1961/69	1965 bis 68	1968
Hersteller	–	FK/RH	FK	FK
Abbildung Seite	–	98/99	100	101

Baureihe	Dim	219	220	221
Bauart	–	B' B'	B' B'	B' B'
Art der Kraftübertragung	–	hydr.	hydr.	hydr.
Länge über Puffer	mm	16 400	18 530/18 470	18 440
Gesamtachsabstand	mm	11 400	14 700	14 700
Abstand der Drehgestellpunkte	mm	8 600	11 500	11 500
Achsstand Drehgestell	mm	2800	3 200	3 200
Treibrad – ø, neu	mm	1000	940/950	950
Befahrbarer Bogenhalbmesser	m	100	100	100
Befahrbarer Ablaufberghalbmesser	m	200	300	200
Fahrdieselmotor, Typ	–	MD 16 V 538 TB 10	2 x L 12 V 18/21 mA 2 x MB 12 V 493 TZ 10 2 x MD 12 V 538 TA 10	MB 12 V 652 TA 10
Hersteller	–	MTU	MAN/MTU	MTU
Leistung bei Drehzahl (nach UIC)	PS bei U/min	1900 bei 1500	2 x 1100 bei 1500	2 x 1350 bei 1500
Hilfsdieselmotor, Typ	–	Gasturbine LM 100 PA 104	–	–
Leistung	PS	900	–	–
Getriebe, Typ	–	L 820 W 6 rs	K 104 U/LT 306 r/ L 306 rb	K 184 U
Hersteller	–	Voith	MTU/Voith	MTU
Gesamtgewicht	Mp			
Dienstgewicht mit ⅔ Vorräten	Mp	76,7	70,5–73,5/73,5–81,0	78,0/79,5
Lokreibungslast	Mp	76,7	70,5–73,5/73,5–81,0	78,0/79,5
Achslast max.	Mp	20,0	20,0	20,25/20,5
Höchstgeschw., Schnellgang	km/h	130	140	140
Langsamgang	km/h	80	–	–
Anfahrzugkraft max.	Mp	16,0/24,0	23,9	24,45/24,0
Dauerzugkraft	Mp			
Bremse	–	KE-GP R m Z	K-GP R m Z K-GPP$_2$R m Z	K-GP R m Z
Bremskraftübertragung	–	Kl	Kl	Kl
Handbremse	–	Sp	Sp	Sp
Sonstige Bremse	–	–	–	–
Steuerung	–	Vielfach, el. pneum.	el. pneum., fernsteuer- bar	el. pneum., fernsteuer- bar
Dieselkraftstoff	l	3330	2700	2700
Heizöl	l		1000	1000
Kesselspeisewasser	l		3000/4000	4000
Sand	kg	320	300	280
Zugheizung	–	elektr.	Dampf	Dampf
Bauart (Umrichter-Bauart)	–	Siemens	MAN/Körting/Hagenuk	Hagenuk (VH)
Typ (Generator-Typ)	–	1 FA 3264-6	Zweizugkessel MAN	OK 4616
Leistung		360 kVA	800 kg/h Dampf	840 kg/h Dampf
1. Baujahr	–	1965	1953	1962
Hersteller	–	KHD	KM	KM
Abbildung Seite	–	102	103	104

Baureihe	Dim	230	232	236 / 236 406
Bauart	–	C' C'	C' C'	C
Art der Kraftübertragung	–	hydr.	hydr.	hydr.
Länge über Puffer	mm	20 270	23 000	9 240
Gesamtachsstand	mm	15 800	17 710	4 400
Abstand der Drehgestellpunkte	mm			–
Achsstand Drehgestell	mm	3 500	4 350	–
Treibrad – ø, neu	mm	950	1 100	1 100
Befahrbarer Bogenhalbmesser	m	100	140	80
Befahrbarer Ablaufberghalbmesser	m	200	300	300
Fahrdieselmotor, Typ	–	MD 12 V 538 TB 10	MB 16 V 652 TB 10	RHS 335 S
Hersteller	–	MTU	MTU	MWM
Leistung bei Drehzahl (nach UIC)	PS bei U/min	2 x 1450 bei 1500	2 x 1900 bei 1500	360 bei 600
Hilfsdieselmotor, Typ	–	–	AKD 2 K 412 Z/Z	–
Leistung	PS	–	18	–
Getriebe, Typ	–	K 184 M	L 218 rv	L 37 neu
Hersteller	–	MTU	Voith	Voith
Gesamtgewicht	Mp			
Dienstgewicht mit ⅔ Vorräten	Mp	104,0	121,4	41,0
Lokreibungslast	Mp	104,0	121,4	41,0
Achslast max.	Mp	17,3	20,9	15,5
Höchstgeschw., Schnellgang	km/h	140	160	55
Langsamgang	km/h	–	100	27
Anfahrzugkraft max.	Mp	33,0	27,228/36,42	8,0/10,5
Dauerzugkraft	Mp			
Bremse	–	K-GPR m Z	KE-GPR-Mg m Z	K-GP m Z
Bremskraftübertragung	–	Kl	Sch	Kl
Handbremse	–	Sp	Sp	Sp
Sonstige Bremse	–	–	Magnetschienen-bremse	–
Steuerung	–	elektrisch	el. pneum.	mechanisch
Dieselkraftstoff	l	4620	4320	630
Heizöl	l	1000	1350	Koks 50 kg
Kesselspeisewasser	l	3500	4800	–
Sand	kg	800	360	300
Zugheizung	–	Dampf	Dampf	–
Bauart (Umrichter-Bauart)	–	Hagenuk (VH)	Hagenuk (VH)	–
Typ (Generator-Typ)	–	OK 4616	OK 4625	–
Leistung		840 kg/h Dampf	1350 kg/h Dampf	–
1. Baujahr	–	1963	1963	1939
Hersteller	–	KM	RH	BMAG
Abbildung Seite	–	105	106	107

Baureihe	Dim	245	260	261
Bauart	–	B	C	C
Art der Kraftübertragung	–	hydr.	hydr.	hydr.
Länge über Puffer	mm	9 360	10 450	10 450
Gesamtachsabstand	mm	3 838	4 400	4 400
Abstand der Drehgestellpunkte	mm	–	–	–
Achsstand Drehgestell	mm	–	–	–
Treibrad – ø, neu	mm	1 050	1 250	1 250
Befahrbarer Bogenhalbmesser	m	80	100	100
Befahrbarer Ablaufberghalbmesser	m	200	200	200
Fahrdieselmotor, Typ	–	SBD	GTO 6/GTO 6 A MB 12 V 493 AZ	GTO 6 GTO 6 A
Hersteller	–	Saurer	MTU	MTU
Leistung bei Drehzahl (nach UIC)	PS bei U/min	400 bei 1500	650 bei 1400	650 bei 1400
Hilfsdieselmotor, Typ	–	–	–	–
Leistung	PS	–	–	–
Getriebe, Typ	–	L 24	L 27 z Ub/L 37 z Ub/ L 217	L 37 z Ub L 27 z Ub
Hersteller	–	Voith	Voith	Voith
Gesamtgewicht	Mp			
Dienstgewicht mit ⅔ Vorräten	Mp	33,5	48,3/49,5/48	53
Lokreibungslast	Mp	33,5	48,3/49,5/48	53
Achslast max.	Mp	17,5	16,4/16,7/16,6	18
Höchstgeschw., Schnellgang	km/h	50	60	60
Langsamgang	km/h	29,5	30	30
Anfahrzugkraft max.	Mp	7,9/14,8	12,0	13,5
Dauerzugkraft	Mp			
Bremse	–	W-p	K-GP m Z	K-GP m Z
Bremskraftübertragung	–	Kl	Kl	Kl
Handbremse	–	Sp	Sp	Sp
Sonstige Bremse	–	–	–	–
Steuerung	–	pneumatisch	pneumatisch	pneumatisch
Dieselkraftstoff	l	450	1800/1350	900/1350
Heizöl	l	–	150 kg Koks	150 kg Koks
Kesselspeisewasser	l	–	–	–
Sand	kg	400	300	300
Zugheizung	–	–	–	–
Bauart (Umrichter-Bauart)	–	–	–	–
Typ (Generator-Typ)	–	–	–	–
Leistung	–	–	–	–
1. Baujahr	–	1956	1957	1955
Hersteller	–	SACM	Atlas-Mak	Atlas-Mak
Abbildung Seite	–	107	108	108

Baureihe	Dim	265	270	280
Bauart	–	D	B	B' B'
Art der Kraftübertragung	–	hydr.	hydr.	hydr.
Länge über Puffer	mm	10 740	8000/7700	12 800
Gesamtachsabstand	mm	5 800	3200/2900	9 200
Abstand der Drehgestellpunkte	mm	–	–	6 300
Achsstand Drehgestell	mm	–	–	2 900
Treibrad – ø, neu	mm	1 250	1100/1000	950
Befahrbarer Bogenhalbesser	m	80	80	80
Befahrbarer Ablaufberghalbmesser	m	150	200	300
Fahrdieselmotor, Typ	–	MS 301 C	A 6 M 324 MS 24	MB 12 V 493 TZ 10
Hersteller	–	Atlas-Mak	KHD/Atlas-Mak	MTU
Leistung bei Drehzahl (nach UIC)	PS bei U/min	650 bei 750	200 bei 800	1100 bei 1500
Hilfsdieselmotor, Typ	–	–	–	–
Leistung	PS	–	–	–
Getriebe, Typ	–	L 37 z U b	L 33 y/L 33 y U b	LT 306 r
Hersteller	–	Voith	Voith	Voith
Gesamtgewicht	Mp			
Dienstgewicht mit ⅔ Vorräten	Mp	54	26/31/26,5/27	58
Lokreibungslast	Mp	54	26/31/26,5/27	58
Achslast max.	Mp	13,75	13,5/16,5/17/13,0	15,8
Höchstgeschw., Schnellgang	km/h	80	55	100
Langsamgang	km/h	40	27	–
Anfahrzugkraft max.	Mp	8,9/17,0	5,0(5,5)/8,5(9,0)	17,4
Dauerzugkraft	Mp			
Bremse	–	K-GP m Z	K-P m Z	K-GP m Z
Bremskraftübertragung	–	Kl	Kl	Kl
Handbremse	–	Sp	Wh	Sp
Sonstige Bremse	–	–	–	–
Steuerung	–	pneumatisch	mechan. pneum.	elektrisch, fernsteuerbar
Dieselkraftstoff	l	1130	360	1350
Heizöl	l	100 kg Koks	50 kg Koks	600
Kesselspeisewasser	l	–	–	2600
Sand	kg	360	300	200
Zugheizung	–	–	–	Dampf
Bauart (Umrichter-Bauart)	–	–	–	Hagenuk (VH)
Typ (Generator-Typ)	–	–	–	OK 4610
Leistung		–	–	580 kg/h Dampf
1. Baujahr	–	1956	1938	1952
Hersteller	–	Atlas-Mak	KHD	Atlas-Mak
Abbildung Seite	–	109	109	110

Baureihe	Dim	288	290	291
Bauart	–	Do + Do	B' B'	B' B'
Art der Kraftübertragung	–	elektrisch	hydr.	hydr.
Länge über Puffer	mm	22 510	14 000/14 320	14 000
Gesamtachsabstand	mm	16 350	9 500	9 500
Abstand der Drehgestellpunkte	mm	–	7 000	7 000
Achsstand Drehgestell	mm	–	2 500	2 500
Treibrad – ø, neu	mm	1 250	1 100	1 100
Befahrbarer Bogenhalbmesser	m	100	80	80
Befahrbarer Ablaufberghalbmesser	m	–	200	200
Fahrdieselmotor, Typ	–	MD 12 V 538 TA 10	MB 12 V 652 TA 10	–
Hersteller	–	MTU	MTU	Atlas-Mak
Leistung bei Drehzahl (nach UIC)	PS bei U/min	2 x 1100	1350 bei 1500 eingestellt auf 1100 bei 1400	1400 bei 1000
Hilfsdieselmotor, Typ	–	–	–	–
Leistung	PS	–	–	–
Getriebe, Typ	–	Siemens-Generat. mit Einzellader	L 206 rs	L 26 rsb
Hersteller	–		Voith	Voith
Gesamtgewicht	Mp			
Dienstgewicht mit ⅔ Vorräten	Mp	147	77,0/78,8	78
Lokreibungslast	Mp	147	77,0/78,8	78
Achslast max.	Mp	18,7	20/20,5	
Höchstgeschw., Schnellgang	km/h	75	70/80	70
Langsamgang	km/h	–	40	40
Anfahrzugkraft max.	Mp	36,7	18,0/23,6	–/24,0
Dauerzugkraft	Mp			
Bremse	–	K-GP m Z	K-GP m Z	K-GP m Z
Bremskraftübertragung	–	Kl	Kl	Kl
Handbremse	–	Sp	Sp	Sp
Sonstige Bremse	–	–	–	–
Steuerung	–	elektrisch	pneumatisch	pneumatisch
Dieselkraftstoff	l	1350	3250	3500
Heizöl	l	–	–	–
Kesselspeisewasser	l	–	–	–
Sand	kg	2 x 152	450	450
Zugheizung	–	–	–	–
Bauart (Umrichter-Bauart)	–	–	–	–
Typ (Generator-Typ)	–	–	–	–
Leistung	–	–	–	–
1. Baujahr	–	1942	1964	1965/66
Hersteller	–	FK	Atlas-Mak	Atlas-Mak
Abbildung Seite	–	111	112	112

ERLÄUTERUNGEN DER ABKÜRZUNGEN

Allgemein

AW   Ausbesserungswerk
BD   Bundesbahndirektion
Bf   Bahnhof
Bw   Bahnbetriebswerk
BZA Bundesbahnzentralamt
DB   Deutsche Bundesbahn
DR   Deutsche Reichsbahn (Bahnverwaltung der DDR)
Hbf Hauptbahnhof
Rbf Rangierbahnhof

Lokomotiven und Bauteile

Antrieb

BBC–G   BBC–Gummiantrieb
SSW–GK   SSW–Gummiringkardanantrieb
SSW–GR   SSW–Gummiringfederantrieb

Bremsen – Bauart

H   Hydrodynamische Bremse
Hik Hildebrand-Knorr-Bremse mit mehrlösigem Steuerventil ohne Beschleunigungseinrichtung
K   Knorr-Bremse mit einlösigem Steuerventil
KE   Knorr-Bremse mit Einheitswirkung mit mehrlösigem Steuerventil
Kk   Kunze-Knorr-Bremse mit mehrlösigem Steuerventil
W   Westinghouse-Bremse mit einlösigem Steuerventil
el   (hinter der Bremsbezeichnung) elektrisch gesteuerte Bremse
m Z (hinter der Bremsbezeichnung) mit Zusatzbremse

Bremsartstellung

G   Güterzug
P   Personenzugstellung bis 100 km/h
P 2 Personenzugstellung von 100 bis 120 km/h
R   für Geschwindigkeiten über 120 km/h

Bremskraftübertragung

Kl   Klotzbremse
Sch Scheibenbremse
Mg   Magnetschienenbremse

Handbremse

Sp   Spindelhandbremse
Wh   Wurfhebelhandbremse

Elektrische Bremse

GW   Fahrleitungsunabhängige (eigenerregte) Gleichstromwiderstandsbremse
FGW Fahrleitungsabhängige (fremderregte) Gleichstromwiderstandsbremse
FWW Fahrleitungsabhängige (fremderregte) Wechselstromwiderstandsbremse
Nb   Nutzbremse

Beispiele:

bei BR 218: KE – GPP_2 R – H m Z ist eine Knorr-Bremse mit Einheitswirkung mit mehrlösigem Steuerventil mit Bremsartstellung für alle Zugarten, weiterhin ist eine hydrodynamische und eine Zusatzbremse vorhanden.
bei BR 118: Hik – GPR m Z stellt eine Hildebrand-Knorr-Bremse mit mehrlösigem Steuerventil ohne Beschleunigungseinrichtung mit Bremsartstellung für alle Zugarten dar, eine Zusatzbremse ist vorhanden.

Hauptschalter

DG   Druckgasschalter
DS   Druckluftschnellschalter
EX   Expansionsschalter
Ö   Ölschalter

Motorkühlung (bei Elektromotoren)

S   Selbstkühlung: Motor nur durch Luftbewegung und Strahlung gekühlt
E   Eigenlüftung: Kühlluft wird durch einen Ventilator, der entweder auf dem Läufer sitzt oder vom Motor angetrieben wird, bewegt. Kühlung ist von der Drehzahl des zu kühlenden Motors abhängig.
F   Fremdlüftung: Kühlluft wird von einem fremdangetriebenen Lüfter gefördert und ist damit unabhängig von der Drehzahl des zu kühlenden Motors.

Steuerung (der Fahrmotoren)

Z	Zugsteuerung
Schü	Schützensteuerung
Schl	Schlittenschaltwerk
No	Nockenschaltwerk
No (Fein)	Nockenschaltwerk mit Feinregler
StL	Niederspannungsschaltwerk mit Stufenzähler und Lastschalter
Ho	Hochspannungsschaltwerk mit Stufenzähler und Lastschalter

Steuerung der Fahrmotoren

WS	Walzenschalter
+/−	Auf-Ab-Steuerung
Nachl	Nachlaufsteuerung

Schaltwerkantrieb

H	Handantrieb	elpn	elektropneumatisch
EM	Elektromotor	elhy	elektrohydraulisch
Drm	Drehmagnet		
LM	Luftmotor		
elm	elektromagnetisch		

Sonstige Einrichtungen

Sifa w	Sicherheitsfahrschaltung (Ruhestromprinzip), wegabhängig
Sifa z	Sicherheitsfahrschaltung (Ruhestromprinzip), zeitabhängig
+ zÜ	(nach Sifa kommend) mit zeitabhängiger Überwachung
Indusi	Induktive Zugbeeinflussung
SH	Schleuderschutzeinrichtung mit Handbetätigung
SR	Schleuderrelais
HK	Haftwertkontrolle
Sp Schm	Spurkranzschmiereinrichtung

Lieferfirmen deutscher Lokomotiven

AEG	Allgemeine Elektricitäts-Gesellschaft, 1 Berlin 33 (AEG-Telefunken)
AEBC	Arbeitsgemeinschaft AEG und BBC
BBC	Brown, Boveri u. Cie AG, 68 Mannheim 1
BEW	Bergmann-Elektricitätswerke AG, Berlin
BMAG	Berliner Maschinenbau AG, Berlin
BMS	Arbeitsgemeinschaft BEW und MSW
Bors	Borsig Lokomotivwerke GmbH, Hennigsdorf
DWK	Deutsche Werke Kiel
FK	Fried. Krupp GmbH, Essen
Gm	Gmeindner u. Co. GmbH, 695 Mosbach (Baden)
RH	Rheinstahl-Henschel AG, Kassel (früher HW, Henschel-Werke)
Jung	Lokomotivfabrik Jung, Jungenthal bei Kirchen
KHD	Klöckner-Humboldt-Deutz AG, 5 Köln-Deutz
KM	Krauss-Maffei AG, 8 München-Allach
LHB	Linke-Hofmann-Busch-Werke, Breslau und Bautzen
LHW	Linke-Hofmann AG, Breslau 6
Maffei	I. A. Maffei, München-Hirschau
MAN	Maschinenfabrik Augsburg-Nürnberg AG
ME	Maschinenfabrik Esslingen/Neckar (auch MF Esslingen)
Atlas-Mak	Maschinenbau Kiel GmbH, 23 Kiel-Friedrichsort
MSW	Maffei-Schwartzkopff-Werke GmbH, Wildau bei Berlin
MTU	Motoren- und Turbinen-Union Friedrichshafen GmbH
MWM	Motoren-Werke Mannheim
O u K	Orenstein-Koppel und Lübecker Maschinenbau AG, Berlin-Spandau
SBC	Arbeitsgemeinschaft BBC und SSW
S.A.C.M.	Société Alsacienne de Construction Mechanique (SACM) Graffenstaden
SSW	Siemens-Schuckertwerke AG, Erlangen
Union	Unioh-Gießerei, Königsberg
Vulcan	Schiffs- und Maschinenbau Vulcan, Stettin-Bredow
Wasseg	Arbeitsgemeinschaft AEG und SSW
Wegm	Wegmann u. Co., Waggonfabrik und Fahrzeugbau, Kassel

LITERATURVERZEICHNIS

Fachbücher

Autorenkollektiv: Die Dampflokomotive, Berlin, 1964

Bäzold, D.; Fiebig, G.: Archiv elektrischer Lokomotiven, Berlin 1967

Born, E.: Die Regel-Dampflokomotiven der DR und DB, Frankfurt/M., 1953

Garbe, R.: Die Dampflokomotiven der Gegenwart, Berlin, 1920 (2. Auflage)

Deinert, W.: Elektrische Lokomotiven, Berlin, 1967

Gerlach, K.: Dampflokarchiv, Berlin, 1968

Griebl/Schadow: Verzeichnis der deutschen Lokomotiven, Wien, 1968

Henschel-Lokomotiv-Taschenbuch, Kassel, 1952

Joachimsthaler, A.: Die elektrischen Einheitslokomotiven der DB, Frankfurt, 1965

Hilmental, H.: Die Dampflokomotiven, Berlin, 1921 (Sammlung Göschen)

Lehmann, H. u. Pflug, E.: Der Fahrzeugpark der deutschen Bundesbahn und neue, von der Industrie entwickelte Schienenfahrzeuge, Berlin, 1956

Lotter, G.: Die elektrischen Lokomotiven der Deutschen Reichsbahn im Bild, Leipzig 1930/1938

Maedel, K.-E.: Die deutschen Dampflokomotiven gestern und heute, Berlin, 1964

Merkbücher der DB und DR: Dampflokomotiven, elektrische Triebfahrzeuge, Brennkrafttriebfahrzeuge

Obermayer, H.J.: Taschenbuch Deutscher Dampflokomotiven, Stuttgart, 1969

Obermayer, H.J.: Taschenbuch Deutscher Elektrolokomotiven, Stuttgart, 1970

Stolte, K.: Die Entwicklung der elektrischen Lokomotiven bei der Deutschen Reichsbahn, Leipzig, 1956

Stockklausner, H. u. Weinstötter, W.: 25 Jahre deutsche Einheitslokomotive, Nürnberg, 1950

Stumpf, B.: Jahrbuch des Eisenbahnwesens, Darmstadt

Fachzeitschriften

AEG-Mitteilungen
BBC-Mitteilungen
Die Bundesbahn
Eisenbahntechnische Rundschau
Elektrische Bahnen
Glasers Annalen
Lokomotiv-Technik
Moderne Eisenbahn

Planmäßig zum Ende des Jahres 1972 begann die Auslieferung der 5. Bauserie dieser eleganten Schnellzuglokomotive. Neben den bereits genannten Änderungen an den Drehgestellen erhalten alle Maschinen die neuen Dachstromabnehmer SBS 65. Wichtigste Neuerung dürfte jedoch die Vergrößerung der Führerstände sein, die in Verbindung mit den ebenfalls neuen Bremshey-Führersitzen dem Lokpersonal erhebliche Erleichterungen bringen werden. Die Vergrößerung der Führerstände um jeweils 350 mm ließ die Gesamtlänge der Lok von 19 500 auf 20 200 mm anwachsen, das Dienstgewicht erhöhte sich von 116 auf 117 Mp.

Drei Fahrzeuge der 5. Bauserie werden mit einem Zwischengetriebe ausgerüstet, welches – bei sonst identischer Gesamtausführung – die Höchstgeschwindigkeit auf 160 km/h reduzieren wird. Die Gründe hierfür liegen auf der Hand: Der häufige Ausfall der Antriebsmotoren – durch Überschläge und feuernde Kollektoren bedingt –, der manche Lokomotiven schon nach oft weniger als dreißig Betriebstagen zum AW-Besuch zwang, konnte zwar durch die Verwendung neuer Kohlesorten für die Bürsten bedeutend verringert werden, eine endgültige und befriedigende Lösung war dies jedoch nicht. Durch den Einbau des Zwischengetriebes und Herabsetzung der Höchstgeschwindigkeit verschiebt sich das Leistungsniveau der Lokomotive nach oben. Damit dürften auch die vom ZTL Mainz „respektlos" geforderten und durchgeführten Einsätze vor Güterzügen (hohe Zuglast/niedrige Geschwindigkeit) nicht mehr so große Gefahren bringen.

Nach der Auslieferung der ersten Lokomotive dieses neuen „Kraftpakets" der DB im Oktober 1972 war der Gesamtbestand im Sommer 1973 bereits auf 8 Maschinen angewachsen. Eine bedeutende Verbesserung gegenüber der Vorgängerbaureihe 150 besteht bei der BR 151 in der Verstärkung der elektrischen Bremse sowie der Anhebung der Gesamtleistung auf 6 470 kW. Das Bild zeigt die Lokomotive BR 151 008 bei ihrer Abnahme im AW-München Freimann.

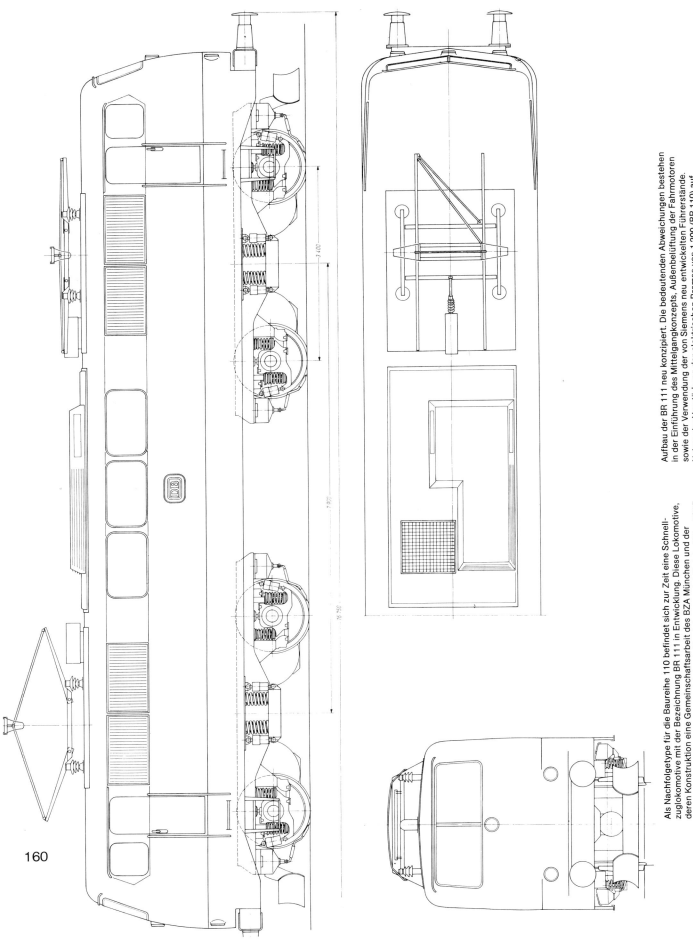

Als Nachfolgetype für die Baureihe 110 befindet sich zur Zeit eine Schnellzuglokomotive mit der Bezeichnung BR 111 in Entwicklung. Diese Lokomotive, deren Konstruktion eine Gemeinschaftsarbeit des BZA München und der Firmen Siemens und Krauss-Maffei darstellt, wird voraussichtlich im März 1975 erstmalig zur Auslieferung kommen. Insgesamt sind 10 Vorauslokomotiven und 60 Maschinen der 1. Bauserie, also 70 Fahrzeuge bestellt. Die Bezeichnung 1. Bauserie zeigt aber deutlich, daß diese Maschine noch im größeren Umfange beschafft werden wird.

Obwohl im Bereich Leistung und Höchstgeschwindigkeit sowie anderen technischen Daten zur BR 110 keine Unterschiede bestehen, wurde der Aufbau der BR 111 neu konzipiert. Die bedeutenden Abweichungen bestehen in der Einführung des Mittelgangkonzepts, Außenbelüftung der Fahrmotoren sowie der Verwendung der von Siemens neu entwickelten Führerstände. Neben der Verstärkung der elektrischen Bremse von 1 200 (BR 110) auf 2 000 kW ist auch eine erhebliche Senkung des Geräuschpegels geplant. Damit soll die sowieso schon angenehme Lok noch umweltfreundlicher werden.

Betrachtet man diese Neubaulokomotive unter dem Aspekt der tatsächlichen Neuerungen, stellt sie in Wirklichkeit nur ein verbesserter Nachbau der BR 110 dar.

Eisenbahnen in Wort, Bild & Ton

DAMPFLOKOMOTIVEN – DIE LETZTEN IN DEUTSCHLAND
von J. M. Mehltretter

Dieser neue, großformatige Band berichtet über all jene Dampflokomotiven, die am Anfang der siebziger Jahre noch auf Deutschlands Schienen Dienst taten. Ganz besonderen Wert wurde hierbei auf eine fotografisch brillante Darstellung gelegt, die dem Betrachter dieser mächtigen Maschinen nochmals in aller Einzelheiten nahe bringen soll.

240 Seiten, 170 Abb., davon acht Seiten vierfarbig, Großformat, Leinen, DM 48,–

Das faszinierende Bildmaterial und der fundierte Text machen dieses Buch zu einem Leckerbissen für junge und jung gebliebene Eisenbahnfreunde!

ALTE LOKOMOTIV-ANNONCEN

von Alfred B. Gottwald

In den sechzig Jahren von 1880 bis 1940, die hier belegt werden, ist manches graphische Schmuckstück gedruckt und manches technische Kuriosum gebaut worden. So gibt die Sammlung dieses Buches nicht nur einen ganz neuartigen Überblick der Eisenbahnfahrzeuge zwischen den preußischen Normalien und der Einheitslokomotive, sondern bietet gleichzeitig eine Stilgeschichte der industriellen Werbung unter den Einflüssen von Jugendstil, Bauhaus und Neuer Sachlichkeit.

160 Seiten, über 275 Abbildungen, Leinen, DM 28,–

KURSBUCH FÜR FRONTURLAUBER

Original-Nachdruck vom „Kursbuch der Militär-Urlauberzüge"
Winterausgabe 1937/38, 14. Verzeichnis der SF-Züge (November 1942)

Um den Wehrmachts-Urlauberverkehr der Vorkriegszeit ohne Störung des Zivilsektors abwickeln zu können, ließ die Deutsche Reichsbahn planmäßig Sonderzüge verkehren, die die größeren Garnisonsorte mit den zugehörigen Wohnbereichen der eingezogenen Soldaten verbanden. Mit Kriegsausbruch lösten die Verzeichnisse der Schnellzüge für Fronturlauber die Wehrmachtsurlauber-Kursbücher ab. Von den zahlreichen Ausgaben wurde für diesen Faksimile-Nachdruck das 14. Verzeichnis ausgewählt.

Die scheinbar nüchternen Zahlen machen dieses Werk zu einem mahnenden Dokument der Zeitgeschichte.

Ca. 150 Seiten, große Übersichtskarte, Sonderkarte Frankreich und Rußland, kartoniert, DM 18,–

SOUNDS VOM SCHIENENSTRANG

Begeisternde Minuten ungestümen Fauchens von 10 Giganten der Schiene!

Der wuchtige Auspuffschlag der Dampflokomotiven – faszinierend und naturgetreu im Stereo-Sound. Mit dieser neuen Langspielplatte ist der Dampflok ein tönendes Denkmal gesetzt.

Hier wird sie wieder wach, die wehmütige Erinnerung an die Tage planmäßiger Dampftraktion in unserem Land.

Wolfgang Hecht, SOUNDS VOM SCHIENEBENSTRANG – Die Dampflok in Bild und Ton, 30-cm-Stereo-LP mit achtseitiger Broschüre und vierfarbiger Doppelhülle, DM 22,–

LOK-DAUERKALENDER

Herrliche Farbaufnahmen von J. M. Mehltretter

Mit Hilfe aufwendiger Großbildtechnik und bestem Vierfarbdruck auf Kunstdruckpapier wird dem Eisenbahnfreund und dem technisch Interessierten hier ein Kalender geboten, wie er in Format, fotografischer und drucktechnischer Qualität und Aussagekraft bisher nicht zu haben war. Durch das Dauerkalendarium ist der Kalender nicht auf ein bestimmtes Jahr festgelegt, sondern kann unbegrenzt verwendet werden! Ein Kalender der auch Sie begeistert!

Format 60×30 cm, Spiralheftung, vierfarbiger Kunstdruck, DM 18,–

---

selbstverständlich aus dem
MOTORBUCH VERLAG STUTTGART
7000 Stuttgart 1 · Postfach 1370